U0142413

# 雲端發展
# 與重要創新應用

五南圖書出版公司 印行

數位新知 著

# 序

　　本書是一本涵蓋廣泛雲端技術與應用的專業書籍。一開始我們將介紹網際網路的發展背景和雲端時代的興起。您將了解雲端運算的基本概念以及它如何改變了我們的生活和商業環境。

　　接著將探討Web技術的演進，從傳統的靜態網頁到動態和互動的Web應用程式。我們將討論Web服務的全新體驗，包括Web上的應用工具。第三章將介紹雲端運算的基本原理和架構，以及物聯網的概念和應用。

　　而在〈雲端大數據與人工智慧精選課程〉這個章節中，我們將深入研究雲端大數據和人工智慧的應用。您將學習到大數據的特性、資料倉儲、資料探勘、大數據的應用以及如何應用人工智慧技術來提取有價值的信息和洞察。

　　而資訊安全是雲端發展中的一個重要議題，除了討論資訊安全之外，也會介紹常見雲端犯罪模式、防火牆與資料加密。

　　在〈雲經濟時代與電子商務〉這個章節中，我們將討論雲端服務的商業模式和電子商務的發展趨勢，這些精彩內容包括跨境電商、電子商務的特性、電子商務七流、電子商務經營模式、行動商務、電子商務交易安全機制。

　　在〈Google雲端全方位整合服務〉一章中，您將學習如何使用Google雲端平台提供的各種工具和服務來建立和管理您的雲端應用。

　　在資訊日新月異的時代下，雲端化已成爲一股趨勢。本書由淺入深的帶領讀者進入雲端發展與重要創新應用，希望本書的精彩內容可以幫助各位快速掌握雲端發展的重要應用。

# 目錄

# 第一章

# 網際網路入門與雲端應用

　　由於網路的快速普及，漸漸改變了我們日常生活的習慣，不但讓使用者可以從個人電腦上存取幾乎每一類資訊，也給了我們一個新的購物、研讀、工作、社交和釋放心情的新天地。

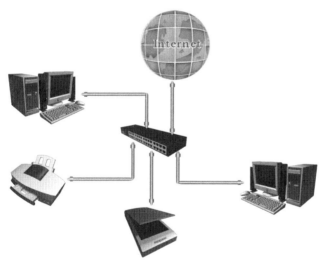

全球網路簡單示意圖

　　我們可以這樣形容：「Internet」不是萬能，但在現代生活中，少了Interent，那可就萬萬不能！」Internet最簡單的說法，就是一種連接各種電腦網路的網路，並且可為這些網路提供一致性的服務。事實上，

Internet並不是代表著某一種實體網路，而是嘗試將橫跨全球五大洲的電腦網路連結一個全球化網路聚合體。隨著網路技術和頻寬的發展，雲端運算（Cloud Computing）應用已經被視為下一波電腦與網路科技的重要商機，今天的網際網路資源與服務與過去網路服務最大的不同就是「規模」，現在我們就從網際網路的基礎開始介紹。

雲端運算就是一種大規模的網路新型服務

**Tips**

　　所謂「雲端」其實就是泛指「網路」，希望以雲深不知處的意境，來表達無窮無際的網路資源，更代表了規模龐大的運算能力，與過去網路服務最大的不同就是「規模」。雲端運算之熱不是憑空出現，實際是多種技術與商業應用的的成熟，雲端運算讓虛擬化公用程式演進到軟體即時服務的夢想實現，也就是只要使用者能透過網路、由用戶端登入遠端伺服器進行操作，就可以稱為雲端運算。

# 1-1 網際網路的興起

網際網路（Internet）最簡單的說法，就是一種連接各種電腦網路的網路，並且可為這些網路提供一一致性的服務。網際網路的誕生，其實可追溯到1960年代美國軍方為了核戰時仍能維持可靠的通訊網路系統，而將美國國防部內所有軍事研究機構的電腦及某些軍方有合作關係大學中的電腦主機以某種一致且對等的方式連接起來，這個計畫就稱ARPANET網際網路計畫（Advanced Research Project Agency, ARPA）。

網際網路帶來了現代社會的巨大變革

由於網際網路的運作成功，加上後來美國軍方為了本身需要及管理方便則將ARPANET分成兩部分：一個是新的ARPANET供非軍事之用，另一個則稱為MILNET。直到80年代國家科學基金會（National Science

Foundatioin, NSF）以TCP/IP為通訊協定標準的NSFNET，才達到全美各大機構資源共享的目的。

---

**Tips**

ISP是Internet Service Provider（網際網路服務提供者）的縮寫，所提供的就是協助用戶連上網際網路的服務，像目前大部分的一般用戶都是使用ISP提供的帳號，透過數據機連線上網際網路，另外如企業租用專線、架設伺服器、提供電子郵件信箱等，都是ISP所經營的業務範圍。

---

## 1-1-1 TCP/IP協定

在網路世界中，為了讓所有電腦都能互相溝通，就必須制定一套可以讓所有電腦都能夠了解的語言，這種語言便成為「通訊協定」（protocol），通訊協定就是一種公開化的標準。例如網際網路之所以能運作是因為每一部連向它的電腦都使用相同規則和協定（即TCP/IP協定）來控制時間及資料格式。

不建立共通的標準，就如同兩個人說不同語言，變成雞同鴨講

　　所謂「傳輸通訊協定」（Transmission Control Protocol, TCP）就是一種「連線導向」資料傳遞方式。當發送端發出封包後，接收端接收到封包時必須發出一個訊息告訴接收端：「我收到了！」如果發送端過了一段時間仍沒有接收到確認訊息，表示封包可能遺失，必須重新發出封包。當建立連線之後，任何一端都可以進行發送與接收資料，而它也具備流量控制的功能，雙方都具有調整流量的機制，可以依據網路狀況來適時調整。

　　「網際網路協定」（Internet Protocol, IP）則是TCP/IP協定中的運作核心，也是構成網際網路的基礎，是一個「非連接式」（Connection-less）傳輸，主要是負責主機間網路封包的定址與路由，並將封包（packet）從來源處送到目的地。而IP協定可以完全發揮網路層的功用，並完成IP封包的傳送、切割與重組。

# 1-2 網際網路位址

　　任何連上Internet上的電腦，我們都叫做「主機」（host），只要是Internet上的任何一部主機都有唯一的識別方法去辨別它。換個角度來說，各位可以想像成每部主機有獨一無二的網路位址，也就是俗稱的網址。表示網址的方法有兩種，分別是IP位址與「網域名稱系統」（Domain Name Server, DNS）兩種。

## 1-2-1 IP位址

　　IP位址就是「網際網路通訊定位址」（Internet Protocol Address, IP Address）的簡稱。一個完整的IP位址是由4個位元組，即32個位元組合而成。而且每個位元組都代表一個0～255的數字。

例如以下的IP Address：

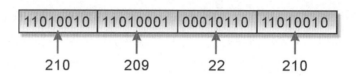

這四個位元組，可以分為兩個部分—「網路識別碼」（Net ID）與「主機識別碼」（Host ID）：

| 網路識別碼 (Net ID) | 主機識別碼 (Host ID) |
|---|---|

位址是由網路識別碼與主機識別碼所組成

請注意！IP位址具有不可移動性，也就是說您無法將IP位址移到其它區域的網路中繼續使用。IP位址的通用模式如下：

0~255.0~255.0~255.0~255

例如以下都是合法的IP位址：

140.112.2.33
198.177.240.10

IP位址依照等級的不同，可區分為A、B、C、D、E五個類型，可以從IP位址的第一個位元組來判斷。如果開頭第一個位元為「0」，表示是A級網路，「10」表示B級網路，「110」表示C級網路……以此類推，說明如下：

■ Class A

　　前導位元為0，以1個位元組表示「網路識別碼」（Net ID），3個位元組表示「主機識別碼」（Host ID），第一個數字為0～127。每一個A級網路系統下轄$2^{24}$ = 16,777,216個主機位址。通常是國家級網路系統，才會申請到A級位址的網路，例如12.18.22.11。

■ Class B

　　前導位元為10，以2個位元組表示「網路識別碼」（Net ID），2個位元組表示「主機識別碼」（Host ID），第一個數字為128～191。每一個B級網路系統下轄$2^{16}$ = 65,536個主機位址。因此B級位址網路系統的對象多半是ISP或跨國的大型國際企業，例如129.153.22.22。

■ Class C

```
Class C  110XXXXX  XXXXXXXX  XXXXXXXX  XXXXXXXX
         ◄────────────── Net ID ──────────────►◄Host ID►
```

　　前導位元為110，以3個位元組表示「網路識別碼」（Net ID），1個位元組表示「主機識別碼」（Host ID），第一個數字為192～223。每一個C級網路系統僅能擁有$2^{8}$ = 256個IP位址。適合一般的公司或企業申請使用，例如194.233.2.12。

### ■ Class D

前導位元爲1110，第一個數字爲224～239。此類IP位址屬於「多點廣播」（Multicast）位址，因此只能用來當作目的位址等特殊用途，而不能作爲來源位址，例如239.22.23.53。

### ■ Class E

前導位元爲1111，第一個數字爲240～255。全數保留未來使用。所以並沒有此範圍的網路，例如245.23.234.13。

## 1-2-2 IPv4與IPv6

前面所介紹的現行IP位址劃分制度稱爲IPv4（32位元），由於劃分方式採用網路識別碼與主機識別碼的劃分方式，以致造成今日IP位址的嚴重不足。我們知道傳統的IPv4使用32位元來定址，因此最多只能有$2^{32}$ = 4,294,927,696個IP位址。而爲了解決IP位址不足的問題，提出了新的IPv6版本。IPv6採用128位元來進行定址，如此整個IP位址的總數量就有$2^{128}$個位址。至於定址方式則是以16個位元爲一組，一共可區分爲8組，而每組之間則以冒號「：」區隔。IPv6位址表示法整理如下：

■ 以128Bits來表示每個IP位址
■ 每16Bits爲一組，共分爲8組數字
■ 書寫時每組數字以16進位的方法表示
■ 書寫時各組數字之間以冒號「：」隔開

例如：

IPv6的IP位址表示法

因此IPv6的位址表示範例如下：

2001：5E0D：309A：FFC6：24A0：0000：0ACD：729D

3FFE：0501：FFFF：0100：0205：5DFF：FE12：36FB

21DA：00D3：0000：2F3B：02AA：00FF：FE28：9C5A

基本上，IPv6的出現不僅在於解除IPv4位址數量之缺點，更加入許多IPv4不易達成之技術，兩者的差異可以整理如下表：

| 特性 | IPv4 | IPv6 |
|------|------|------|
| 發展時間 | 1981年 | 1999年 |
| 位址數量 | $2^{32} = 4.3 \times 10^{9}$ | $2^{128} = 3.4 \times 10^{38}$ |
| 行動能力 | 不易支援跨網段；需手動配置或需設置系統來協助 | 具備跨網段之設定；支援自動組態，位址自動配置並可隨插隨用 |
| 網路服務品質 | 網路層服務品質（Quality of service，縮寫QoS）支援度低 | 表頭設計支援QoS機制 |
| 網路安全 | 安全性需另外設定 | 內建加密機制 |

## 1-2-3 網域名稱

由於IP位址是一大串的數字組成，十分不容易記憶。如果每次要連接到網際網路上的某一部主機時，都必須去查詢該主機的IP位址，十分不方便。至於「網域名稱」（Domain Name）的命名方式，是以一組英文縮寫來代表以數字為主的IP位址，而其中負責IP位址與網域名稱轉換工作的電腦，則稱為「網域名稱伺服器」（Domain Name Server, DNS）。這個網域名稱的組成是屬於階層性的樹狀結構。共包含有以下四個部分：

主機名稱、機構名稱、機構類別、地區名稱

例如榮欽科技的網域名稱如下：

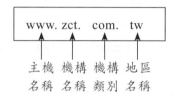

以下網域名稱中各元件的說明：

| 元件名稱 | 特色與說明 |
|---|---|
| 主機名稱 | 指主機在網際網路上所提供的服務種類名稱。例如提供服務的主機，網域名稱中的主機名稱就是「www」，如www.zct.com.tw，或者提供bbs服務的主機，開頭就是bbs，例如bbs.ntu.edu.tw。 |
| 機構名稱 | 指這個主機所代表的公司行號、機關的簡稱。例如微軟（microsoft）、台大（ntu）、zct（榮欽科技）。 |
| 機構類別 | 指這個主機所代表單位的組織代號。例如www.zct.com.tw，其中com就表示一種商業性組織。 |
| 地區名稱 | 指出這個主機的所在地區簡稱。例如www.zct.com.tw，這個tw就是代表台灣）。 |

常用的機構類別與地區名稱簡稱如下：

| 機構類別 | 說明 |
|---|---|
| edu | 代表教育與學術機構 |
| com | 代表商業性組織 |
| gov | 代表政府機關單位 |
| mil | 代表軍事單位 |
| org | 代表財團法人、基金會等非官方機構 |
| net | 代表網路管理、服務機構 |

常用的機構類別名稱如下：

| 地區名稱代號 | 國家或地區名稱 |
|:---:|:---|
| at | 奧地利 |
| fr | 法國 |
| ca | 加拿大 |
| be | 比利時 |
| jp | 日本 |

# 1-3 網際網路連線方式

　　如何從各位眼前的電腦連上Internet有許多方式，早期是利用現有的電話線路，再撥接至伺服器之後，就可以與Internet連線。由於是透過電話線的語音頻道，在資料的傳送速率上目前只能到56Kbps，而且不能同時進行資料傳送與電話語音服務，因此已經不再使用。本節中我們將會介紹各種連線方式，各位可以考慮本身的主客觀條件來選擇最合適的連線方式。

## 1-3-1 ADSL連線上網

　　「ADSL上網」是寬頻上網的一種，它是利用一般的電話線（雙絞線）為傳輸媒介，這個技術能使同一線路上的「聲音」與「資料」分離，下載時的連線速度最快可以達到9Mbps，而上網最快可以達到1Mbps；也因為上傳和下載的速度不同，所以稱為「非對稱性」（Asymmetric）。如果各位使用ADSL方式連線，則可以同時上網及撥打電話，不需要另外再申請一條電話線。另外有關申請ADSL帳號的過程和撥接帳號類似，不

過申請ADSL撥接服務時，相關線路連接及設定的工作都會由工程人員來進行安裝：

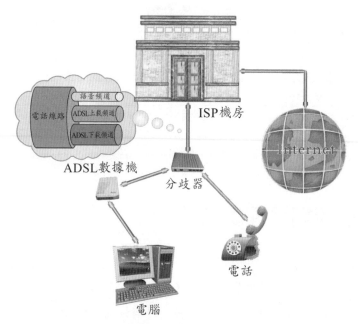

ADSL數據機傳輸路線示意圖

## 1-3-2 有線電視上網

「纜線數據機」（Cable Modem）是利用家中的有線電視網的同軸電纜線來作為和Internet連線的傳輸媒介。由於同軸電纜中包含有數據的數位資料，以及電視訊號的類比資料，因此能夠在進行數據傳輸的同時，還可以收看一般的有線電視節目。各位家中如果接有有線電視系統，可以直接向業者申請帳號即可，由於纜線數據機的連線架構是採用「共享」架構，當使用者增加時，網路頻寬會被分割掉，而造成傳輸速率受到影響。

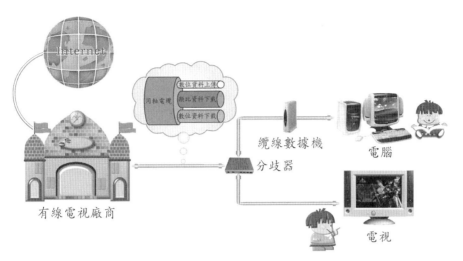

纜線數據機傳輸路線示意圖

### 1-3-3 光纖寬頻上網

　　對於頻寬的需求帶動了光纖網路的發展，如前所述，由於價格高昂及需求的問題，所以早期光纖發展僅限於長途通訊幹線上的運用，不過近幾年在通訊量的快速增加及網際網路的爆炸性成長下，光纖網路的應用已從過去的「長途運輸」（Long Haul Transport）的骨幹網路擴展到「城市運輸」（Metro Transport）的區域幹線。

　　隨著通訊技術的進步，上網的民眾對於頻寬的要求越來越高，與ADSL相較，「光纖」（optical fiber）上網可提供更高速的頻寬，最高速度可達1Gbps，隨著光纖成本日益降低，更提供了穩定的連線品質，光纖的主要用戶群已經首度超越ADSL的主要用戶群，ADSL頻寬會隨裝機地離機房越遠，速率越低，光纖網路頻寬則無此距離限制問題，預估兩者消長情形會越來越明顯，光纖將逐漸成為國內寬頻上網的首選。

　　FTTx是「Fiber To The x」的縮寫，意謂光纖到x，是指各種光纖網路的總稱，其中x代表光纖線路的目的地，也就是目前光世代網路各種「最

後一哩（last mile）」的解決方案，透過接一個稱為ONU（Optical Network Unit）的設備，將光訊號轉為電訊號的設備。因應FTTx網路建置各種不同接入服務的需求，根據光纖到用戶延伸的距離不同，區分成數種服務模式，請看以下說明：

■FTTC（Fiber To The Curb，光纖到街角）：可能是幾條巷子有一個光纖點，而到用戶端則是直接以網路線連接光纖，並沒有到你家，也沒到你家的大樓，是只接到用戶家附近的介接口。再透過其它的通訊技術（如VDSL）來提供網路通訊。從中央機房到用戶端附近的交換箱或稱中繼站是使用光纖纜線，之後只能透過網路線或稱雙絞線連接到你家中。

■FTTB（Fiber To The Building，光纖到樓）：光纖只拉到建築大樓的電信室或機房裡。再從大樓的電信室，以電話線或網路線等的其它通訊技術到用戶家。從中央機房直接拉光纖纜線到用戶端的那棟大樓電信室（FTTB）。

■FTTH（Fiber To The Home，光纖到家）：是直接把光纖接到用戶的家中，範圍從區域電信機房局端設備到用戶終端設備。光纖到家的大頻寬，除了可以傳輸圖文、影像、音樂檔案外，可應用在頻寬需求大的VoIP、寬頻上網、CATV、HDTV on Demand、Broadband TV等。不過缺點就是布線相當昂貴。

■FTTCab（Fiber To The Cabinet，光纖到交換箱）：這比FTTC又離用戶家更遠一點，只到類似社區的一個光纖交換點，再一樣以不同的網路通訊技術（同樣，如VDSL），提供網路服務。

## 1-3-4 專線上網

「專線」（Lease LINE）是數據通訊中最簡單也最重要的一環，專線的優點是工作容易查修方便，其服務性能與備便度高達99.99%。用戶端與專線服務業者之間透過中華電信等 ISP所提供之數據線路相連申請一條

固定傳輸線路與網際網路連接，利用此數據專線，達到提供二十四小時全年無休的網路應用服務。1960年代貝爾實驗室便發展了T-Carrier（Trunk Carrier）的類比系統，到了1983年AT&T發展數位系統，主要是使用雙絞線傳輸，T-Carrier系統的第一個成員是T1，可以同時傳送24個電話訊號通道，即第零階訊號（Digital. Signal Level 0, DS0）所組成，每路訊號為64Kbps，總共可提供1.544Mbps的頻寬，這是美制的規格。T2則擁有96個頻道，且每秒傳送可達6.312Mbps的數位化線路。T3則擁有672個頻道，且每秒傳送可達44.736Mbps的數位化線路。T4擁有4032個頻道，且每秒傳送可達274.176Mbps的數位化線路。

## 1-3-5 衛星直撥

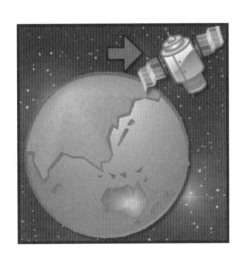

　　所謂「衛星直播」（Direct PC）就是透過衛星來進行網際網路資料的傳輸服務。它採用了「非對稱傳輸」（ATM）方式，可依使用者的需求採用預約或即時，經由網路作業中心及衛星電路，以高達3Mbps的速度，下載資料至用戶端的個人電腦。衛星直撥的使用者必須加裝一個碟型天線（直徑約45～60公分），並在電腦上連接解碼器，如此就能夠透過

衛星從網際網路中接收下載資料。以下是用戶端在使用Direct PC時的標
準配備如下：

| 碟型天線（Antenna） | 金屬製天線盤，可安裝於室內或室外 |
| 接收器（LNB） | 衛星訊號接收器，負責接收經由碟型天線匯集的衛星訊號，然後再傳送到用戶端 |
| 纜線及相關套件 | 同軸纜線及電力加強設備等 |
| Direct PC介面卡 | 驅動程式及使用Direct PC時，所需的應用程式 |

# 1-4 行動網路的崛起

自從蘋果的iPhone問世以來，行動網路的普及讓行動裝置脫離了
PC，低頭族現象大量普及，在智慧型手機、平板電腦逐漸成為現代人隨
身不可或缺的設備時，有越來越多的用戶把更多時間花費在智慧型手機
上，全面改變了消費者的日常習慣。基本上，雲端運算的發展確實與行
動網路應用有密不可分的關係，隨著5G技術的普及，我們可以在任何時
間、地點都能立即獲得即時新聞、閱讀信件，查詢資訊、甚至進行購物學
習等無所不在的服務，並將其應用在生活、工作和教育上。

---

**Tips**

5G（Fifth-Generation）指的是行動電話系統第五代，也是4G之
後的延伸，5G技術是整合多項無線網路技術而來，包括幾乎所有以前
幾代行動通訊的先進功能， 未來除提供行動寬頻服務，將與智慧城
市、交通、醫療、重工業等領域更緊密結合，還可透過5G網路和各種
感測器提供美好的聯網應用，預計未來將可實現10Gbps以上的傳輸速
率。這樣的傳輸速度下可以在短短6秒中，下載15GB完整長度的高畫
質電影。

行動App已經成為現代人購物的新管道

---

**Tips**

　　App就是application的縮寫，也就是行動式設備上的應用程式，也就是軟體開發商針對智慧型手機及平版電腦所開發的一種應用程式，APP涵蓋的功能包括了圍繞於日常生活的的各項需求。App市場交易的成功，帶動了如憤怒鳥（Angry Bird）這樣的App開發公司爆紅，讓App下載開創了另類的行動商務模式。

---

## 1-4-1 行動線上服務平台

　　智慧型手機所以能廣受歡迎，就是因為不再受限於內建的應用軟體，透過 App 的下載，擴充來無限可能的應用。App是Application的縮寫，就是軟體開發商針對智慧型手機及平版電腦所開發的一種應用程式，

App涵蓋的功能包括了圍繞於日常生活的的各項需求。App市場交易的成功，帶動了如憤怒鳥（Angry Bird）這樣的App開發公司爆紅。

憤怒鳥公司網頁

　　由於智慧型手機能夠依使用者的需求來安裝各種App，為了增加作業系統的附加價值，蘋果與Google都針對其行動裝置作業系統所開發的App推出了線上服務的平台，線上服務平台能夠提供了多樣化的應用軟體、遊戲等，透過App滿足行動使用者在實用、趣味、閱聽等方面的需求之外，讓消費者在購買其智慧型手機後，能夠方便的下載其所需求的各式軟體服務，App勢將將成為高度競爭市場，更是一種歷久不衰的行動商務與行銷模式。

■ App Store

　　App Store是蘋果公司針對使用iOS作業系統的系列產品，如iPod、iPhone、iPAD等，所開創的一個讓網路與手機相融合的新型經營模式，iPhone用戶可透過手機或上網購買或免費試用裡面App，與Android 的開放性平台最大不同，App Store 上面的各類App，都必須事先經過蘋果公司嚴格的審核，確定沒有問題才允許放上App Store讓使用者下載，加上裝置軟硬體皆由蘋果控制，因此App不容易有相容性的問題。目前App Store上面已有上千萬個App。各位只需要在App Store程式中點幾下，就可以輕鬆的更新並且查閱任何App的資訊。App Store除了將所販售軟體加以分類，讓使用者方便尋找外，還提供了方便的金流和軟體下載安裝方式，甚至有軟體評比機制，讓使用者有選購的依據。店家如果將 App 上架App Store銷售，就好像在百貨公司租攤位銷售商品一樣，每年必須付給Apple年費$99美金，你要上架多少個App都可以。

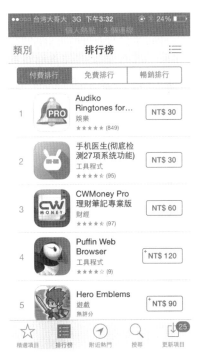

App Store首頁畫面

> **Tips**
>
> 　　目前最當紅的手機iPhone就是使用原名為iPhone OS的iOS智慧型手機嵌入式系統，可用於iPhone、iPod touch、iPad與Apple TV，為一種封閉的系統，並不開放給其他業者使用。最新的iPhone 14所搭載的iOS 16是一款全面重新構思的作業系統。

### ■ Google play

　　Google也推出針對Android系統所開發App的一個線上應用程式服務平台——Google Play，允許用戶瀏覽和下載使用Android SDK開發，並透過Google發布的應用程式（App），透過Google Play網頁可以尋找、購買、瀏覽、下載及評級使用手機免費或付費的App和遊戲，包括提供音樂，雜誌，書籍，電影和電視節目，或是其他數位內容。

　　Google Play為一開放性平台，任何人都可上傳其所發發的應用程式，Google Play的搜尋除了比Apple Store多了同義字結果以外，還能夠處理錯字，有鑑於Android平台的手機設計各種優點，可見的未來將像今日的PC程式設計一樣普及，採取開放策略的Android 系統不需要經過審查程序即可上架，因此進入門檻較低。不過由於Android陣營的行動裝置採用授權模式，因此在手機與平板裝置的規格及版本上非常多元，因此開發者需要針對不同品牌與機種進行相容性測試。

Google Play商店首頁畫面

**Tips**

Android早期由Google開發，後由Google與十數家手機業者所成立的開放手機（Open Handset Alliance）聯盟所共同研發，並以Java作為主要開發語言，結合了Linux核心的作業系統，承襲Linux系統一貫的特色，Android 是目前在行動通訊領域中最受歡迎的平台之一，擁有的最大優勢就是跟各項 Google 服務的完美整合。

# 1-5 無線個人網路

　　無線個人網路（WPAN），通常是指在個人數位裝置間作短距離訊號傳輸，通常不超過10公尺，並以IEEE 802.15為標準。通訊範圍通常為數十公尺，目前通用的技術主要有：藍芽、紅外線、Zigbee、Rfid、NFC等。最常見的無線個人網路（WPAN）應用就是紅外線傳輸，目前幾乎所有筆記型電腦都已經將紅外線網路（Infrared Data Association, IrDA）作為標準配備。

## 1-5-1 藍牙技術

　　藍牙技術（Bluetooth）最早是由「易利信」公司於1994年發展出來，接著易利信、Nokia、IBM、Toshiba、Intel等知名廠商，共同創立一個名為「藍牙同好協會」（Bluetooth Special Interest Group, Bluetooth SIG）的組織，大力推廣藍牙技術，並且在1998年推出了「Bluetooth 1.0」標準。可以讓個人電腦、筆記型電腦、行動電話、印表機、掃瞄器、數位相機等數位產品之間進行短距離的無線資料傳輸。

造型特殊的藍牙耳機

　　藍牙技術主要支援「點對點」（point-to-point）及「點對多點」（point-to-multi points）的連結方式，它使用2.4GHz頻帶，目前傳輸距離大約有10公尺，每秒傳輸速度約為1Mbps，預估未來可達12Mbps。藍牙已經有一定的市占率，也是目前最有優勢的無線通訊標準，未來很有機會

成爲物聯網時代的無線通訊標準。

---

**Tips**

　　Beacon是一種低功耗藍牙技術（Bluetooth Low Energy, BLE），藉由室內定位技術應用，可做爲物聯網和大數據平台的小型串接裝置，具有主動推播行銷應用特性，比GPS有更精準的微定位功能，可包括在室內導航、行動支付、百貨導覽、人流分析，及物品追蹤等近接感知應用。隨著支援藍牙4.0 BLE的手機、平板裝置越來越多，利用Beacon的功能，能幫零售業者做到更深入的行動行銷服務。

---

## 1-5-2 ZigBee

　　ZigBee是一種低速短距離傳輸的無線網路協定，是由非營利性Zig-Bee聯盟（ZigBee Alliance）制定的無線通信標準，ZigBee工作頻率爲868MHz、915MHz或2.4GHz，主要是採用2.4GHz的ISM頻段，傳輸速率介於20～250kbps之間，每個設備都能夠同時支援大量網路節點，並且具有低耗電、彈性傳輸距離、支援多種網路拓撲、安全及最低成本等優點，成爲各業界共同通用的低速短距無線通訊技術之一，可應用於無線感測網路（WSN）、工業控制、家電自動化控制、醫療照護等領域。

## 1-5-3 HomeRF

　　HomeRF也是短距離無線傳輸技術的一種。HomeRF（Home Radio Frequency）技術是由「國際電信協會」（International Telecommunication Union, ITU）所發起，它提供了一個較不昂貴，並且可以同時支援語音與資料傳輸的家庭式網路，也是針對未來消費性電子產品數據及語音通訊的需求，所制訂的無線傳輸標準。設計的目的主要是爲了讓家用電器設備之間能夠進行語音和資料的傳輸，並且能夠與「公用交換電話網路」

（Public Switched Telephone Network, PSTN）和網際網路進行各種互動式操作。工作於2.4GHz頻帶上，並採用數位跳頻的展頻技術，最大傳輸速率可達2Mbps，有效傳輸距離50公尺。

## 1-5-4 RFID

悠遊卡是RFID的應用

http://www.easycard.com.tw/

　　相信各位都有在超級市場瘋狂購物後，必須帶著滿車的貨品等在收銀臺前，耐心等候收銀員慢慢掃描每件貨品的條碼，這些不僅結帳人力負荷沉重，也會影響消費者的高度困擾。不過這些困難都可以透過現在最流行的RFID技術來解決。無線射頻辨識技術（radio frequency identification,

RFID），就是一種非接觸式自動識別系統，可以利用射頻訊號以無線方式傳送及接收數據資料。RFID是一種內建無線電技術的晶片，主要是包括詢答器（Transponder）與讀取機（Reader）兩種裝置。

　　一般在所出售的物品貼上晶片標籤，每個標籤都會發射出獨特的ID碼，然後提供充足的產品資訊，並通過晶片中讀卡機系統來偵測，然後讀出標籤中所存的資料，並送到後端的資料庫系統來提供資訊查詢或物品辨別的功能。目前已有越來越多的企業開始使用RFID技術，未來在RFID與手機整合的技術更加成熟後，將可為消費者帶來更便利的行動生活，讓資訊與商品的取得更具即時性與互動性。例如臺北市民所使用的悠遊卡，或者是加中寵物所植入的晶片、醫療院所應用在病患感測及居家照護、航空包裹及行李的識別、出入的門禁管制等，甚至於目前十分流行的物聯物，RFID技術都在其中扮演重要的角色。

## 1-5-5 NFC

　　NFC（Near Field Communication，近場通訊）是由Philips、Nokia與Sony共同研發的一種短距離非接觸式通訊技術，又稱近距離無線通訊，最簡單的應用是只要讓兩個NFC裝置相互靠近，就可開始啟動**NFC功能**，接著迅速將內容分享給其他相容於NFC行動裝置。

　　RFID與NFC都是新興的短距離無線通訊技術，RFID是一種較長距離的射頻識別技術，主打射頻辨識，可應用在物品的辨識上。NFC則是一種較短距離的高頻無線通訊技術，屬於非接觸式點對點資料傳輸，可應用在行動裝置市場，以13.56MHz頻率範圍運作，一般操作距離可達10～20公分，資料交換速率可達424kb/s，因此成為行動交易、服務接收工具的最佳解決方案。例如下載音樂、影片、圖片互傳、購買物品、交換名片、下載折價券和交換通訊錄等。

　　NFC未來已經是一個全球快速發展的趨勢，就連蘋果的iPhone 6/6 Plus開始也搭載NFC，目前可以使用Apple Pay支付服務。事實上，手機

將是現代人包含通訊、娛樂、攝影及導航等多重用途的實用工具，結合了NFC功能，只要一機在手就能夠實現多卡合一的服務功能，輕鬆享受乘車購物的便利生活。

## 1-6 現代生活與雲端應用

有些人或許不知道，其實我們早已在使用雲端應用，在現代生活中，各位可以透過各種電腦與行動裝置，就可以輕鬆連結上網際網路看股票、聽音樂，甚至使用Facebook來與朋友互動或者是用Gmail、Google Map等工具，這些都是雲端網路生活化的實際應用。例如「視訊會議」（Video Conference）是將相隔兩地的會議室，經由影像、語音等輸出入設備以及雲端網路的連結，使得與會的雙方人員能夠如同在同一間會議室，即時進行資訊交換與意見溝通的一種服務，可以輕鬆為您省下大量的交通及時間成本。接下來我們要為各位介紹現代網路領域的相關應用。

圖片來源：http://itcfax.com/product.htm

## 1-6-1 創客經濟

　　隨著網路加速資訊的快速普及與大型互動多媒體技術研發的興盛，網路全球化讓產業的競爭不再是技術主導，而在於創新（innovation）的想法。近年經濟不景氣使得「宅經濟」（Stay at Home Economic）大行其道，在家自行創業的風氣也逐漸甦醒。

全世界有上萬個創客社群，Taipei Hackerspace就提供了創意發想的空間

　　「創客」（maker）或稱為自造者，就是那些有從「想」到「做」的創新精神，並且重視自我表現以及次文化的融合，藉著網路與各種多媒體數位工具來做出產品來的人。創客運動能夠成功發展，關鍵的原因也是因為雲端運算，由於雲端無遠弗屆的影響力，隨時隨地都能提供使用者上網與資訊搜尋功能，不但讓新資訊的交流更為驚人，加上開放多媒體軟硬體

平台資源越來越多，創客們在創客空間社群中聚會交流創意及腦力激盪，已創造出許多膾炙人口的創新作品，更加快許多研究的開發速度，硬體設計與製造也變得容易許多，讓全球各地喜歡自己動手作的創意者可以透過雲端來創新交流迅速分享技術。市場上陸續出現創客打造的爆紅商品，不但解放了人們的創意，創新不再只是大企業的專利。

## 1-6-2 網路電視／隨選視訊／雲端遊戲

網路電視串流平台──Netflix網飛正式進駐台灣

　　網路影音串流正顛覆我們的生活習慣，數位化高度發展打破過往電視媒體資源稀有的特性，正邁向提供觀眾電視頻道外的選擇。網路電視（Internet Protocol Television, IPTV）就是一種利用機上盒（Set-Top-Box,

STB），透過網際網路來進行視訊節目的直播，也是一種雲端與串流技術的應用，可以提供用戶在任何時間、任何地點可以任意選擇節目的功能，而且終端設備可以是電腦、電視、智慧型手機、資訊家電等各種多元化平台。網路電視充分利用網路的及時性以及互動性，提供觀眾傳統電視頻道外的選擇，觀眾不再只能透過客廳中的電視機來收看節目，越來越多人利用智慧型手機或行動裝置看電視。只要有足夠的網路頻寬，網路電視提供用戶在任何時間、任何地點可以任意選擇節目的功能。

---

**Tips**

　　所謂「串流媒體」（Streaming Media）是近年來熱門的一種網路多媒體傳播方式，它是將影音檔案經過壓縮處理後，再利用網路上封包技術，將資料流不斷地傳送到網路伺服器，而用戶端程式則會將這些封包一一接收與重組，即時呈現在用戶端的電腦上，讓使用者可依照頻寬大小來選擇不同影音品質的播放。

---

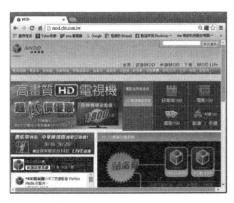 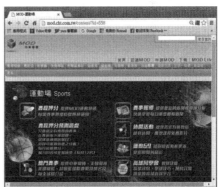

中華電信MOD提供更多元化的節目欣賞

　　「隨選視訊」（Video on Demand, VOD）也是一種透過串流技術來傳輸的即時、互動視訊選擇系統，而雲端運算正是提供此服務的核心技術。今天即時影音串流、隨選視訊等服務已經有相當成熟的產品問世，透過隨選視訊使用者可不受時間、空間的限制，不需要等候檔案下載完，透過網際網路與雲端服務，讓客戶可以用遙控器從電視機上隨時點選使用這些服務，**功能包括了有電影點播、新聞點播、家庭購物、電腦遊戲、遠距教學、股市理財與隨選卡拉OK等功能**。例如MOD（Multimedia On Demand，多媒體隨選視訊或數位互動電視）是由中華電信推出的多媒體內容傳輸平台服務，這個服務會在用戶的家庭中安裝一台機上盒，相較於目前的有線電視，MOD的使用者擁有許多類型的節目資訊，可以隨時按照喜好點播。

透過雲端遊戲，為玩家帶來不一樣的全身體驗

　　隨著全球5G網路服務陸續上路，再度引爆了雲端遊戲（Cloud Gaming）的風潮，雲端遊戲也是網路串流的一種形式，強化現有的手機遊戲，再加上雲端運算，「雲端遊戲」的出現，簡單來說，意味著「遊戲」不再是與「平台」所綁定的狀態，也就是「把遊戲放在雲端」的概念，因為遊戲運作所需的效能全部都在雲端伺服器端解決，只要玩家想玩，即便家中的電腦沒有夠力的顯卡，只要網路環境允許，就能隨時透過手邊設備來遊玩高品質的遊戲內容，而且遊戲畫面還能不受設備的性能限制。

## 1-6-3 穿戴式裝置的興起

　　由於電腦設備的核心技術不斷往輕薄短小與美觀流行等方向發展，因此智慧型「穿戴式裝置」（Wearable device）近年來如旋風般興起，被認為是下一世代的新興電子產品，不只是手機，你穿的鞋子、戴的眼鏡、掛的手錶，都可以幫你打點生活，甚至於上網交流與購物。連線上購物王牌eBay正在組成新的團隊，計畫將電子商務帶入可穿戴式產品中，以拓展事業版圖。

　　穿戴式裝置未來的發展重點，主要取決於如何善用可攜式與輕便性，簡單的滑動操控界面和創新功能，發展出吸引消費者的應用，講求的是便利性。還可藉由穿戴式裝置，從各使用者收集而來的數據，可以送上智慧雲端運算環境，像是在雲端應用部分，手錶類、眼鏡類的產品，大多有提供專屬App下載，可以擴充該產品的應用範圍。人機配合的穿戴式裝置也越來越吸引消費者的目光，目前已經運用至時尚、運動、養生和醫療等相關領域。例如能夠戴在手腕上並像智慧型手機一樣執行應用程式的運動錶（Samsung Gear），或者像是「Google X」實驗室正在研發能偵測血糖值的智慧隱形眼鏡，可藉由眼淚無痛測量血糖，能讓糖尿病患者能隨時掌控身體狀況。事實上，穿戴式裝置的未來性，並非裝置本身，特殊之處在於將為全世界帶來全新的行動商務模式，實際上在倉儲、物流中心等商品運輸領域，早已可見工作人員配戴各類穿戴式裝置協助倉儲相關作業，

或者相關行動行銷應用可以同時扮演連結者的角色。未來肯定有更多想像和實踐的可能性，可預期的潛在廣告與行銷收益將大量引爆，應更加注重掌握使用者價值與需求，建立關鍵核心能力，目前有越來越多的知名企業搭上這股穿戴裝置的創新列車。

韓國三星大廠也推出了許多款時尚實用的穿戴式裝置

## 1-6-4 體感科技

在科技逐漸進步的今天，「體感互動技術」（Motion Sensing Technology）成為熱門話題，當今的人機互動模式，已從傳統控制器輸入方式，邁向以人為中心的體感偵測方式，體感科技正是下一波電商發展的革命浪頭。近年來許多類比設備開始數位化，新的創作媒介與工具提供了創作者新的思考與可能性，體感設計的產品近年來不斷出現，透過類似各種感測器功能，可讓使用者藉由肢體動作、溫度、壓力、光線等外在變化達到與電腦互動溝通的目的。

CHAPTER

1

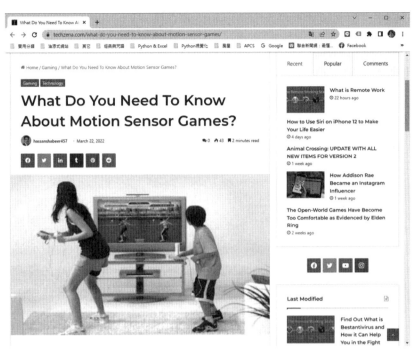

COVID-19疫情宅在家，許多人因此開始使用體感遊戲

　　「體感科技」是體感模擬、穿戴式裝置等跨域整合的高度創新產業，藉由更自然更精準的人機介面，不僅能創造新應用，例如任天堂Wii、微軟Xbox Kinect、Sony PS5 Move等全新的體感操控方式在遊戲市場陸續推出之後，具備更強大的動態感應功能，諸多運算都會透過雲端即時運算，藉此發揮更大算力表現，能夠快而準地判斷玩家的動作，也讓玩家能夠隨時、隨地、運用身邊任何可以上網的平台，進入遊戲世界。除了遊戲市場之外，在3C產品、健身運動、電子商務、教育學習、安全監控、家電用品及醫療上都有其應用。體感科技的出現把人們從繁複帶回簡單，根本不需要配戴任何感應的元件，只要透過手勢、身形或聲音，即可和螢幕中的3D立體影像互動。例如語音辨識是人類長久以來的想像創意與渴望，透過語音助理，消費者可以直接說話來訂購商品與操控家電等，又或者AR/VR代表的是新型態的人機互動方式，即透過穿戴式頭戴顯示

器，能在虛擬與眞實世界之間自由的來回穿梭。

---

**Tips**

　　「擴增實境」（Augmented Reality, AR）是一種將虛擬影像與現實空間互動的技術，透過攝影機影像的位置及角度計算，在螢幕上讓眞實環境中加入虛擬畫面，強調的不是要取代現實空間，而是在現實空間中添加一個虛擬物件，並且能夠即時產生互動。

　　「虛擬實境技術」（Virtual Reality Modeling Language, VRML）：是一種程式語法，主要是利用電腦模擬產生一個三度空間的虛擬世界，提供使用者關於視覺、聽覺、觸覺等感官的模擬，最大特色在於其互動性與即時反應，可讓設計者或參觀者在電腦中就可以獲得相同的感受，並且可以與場景產生互動，360度全方位地觀看設計成品。

---

## 1-6-5 行動資訊服務

　　透過人手一台的手機或平板電腦，這種個人化設備的快速普及也成爲行動雲端商務快速發展的推手，其中最普遍且直接的應用就是行動資訊服務。目前行動商務可提供的個人化行動資訊服務，包括有簡訊收發、電子郵件收發、多媒體下載（如：圖片、動畫、影片、遊戲、音樂等）、資訊查詢（如：新聞氣象、交通狀況、股市資訊、生活情報、地圖查詢等）等。例如手機上就可看股票行情，讓投資人不用在擠在號子裏看盤，能隨時、隨地、即時的掌握股票市場的變動。此外，透過「定址服務」（Location Based Service, LBS）功能，能讓消費者在到達某個商業區時，可以利用GPS有定位的功能，判斷目前所在的位址，並且快速查詢所在位置周邊的商店、場所以及活動等即時資訊，並能適時以各種商家所提供的促銷信息與廣告來吸引消費者。例如：速食店、加油站以及百貨公司特賣會等。

**Tips**

　　「定址服務」（Location Based Service, LBS）或稱爲「適地性服務」，就是行動行銷中相當成功的環境感知的種創新應用，就是指透過行動隨身設備的各式感知裝置，例如當消費者在到達某個商業區時，可以利用手機等無線上網終端設備，快速查詢所在位置周邊的商店、場所以及活動等即時資訊。

　　行動購物功能更能讓消費者透過無線上網終端設備與雲端運算來執行快速的產品搜尋、比價、利用購物車下單等功能。例如瀏覽商品網站、查詢商品內容與價格資訊、商品特賣消息、線上付款等應用。而透過線上銀行的功能，提供顧客利用手機上網進行餘額查詢、付款、轉帳、繳費（如：稅款、停車費、水電瓦斯費等）等帳戶交易。

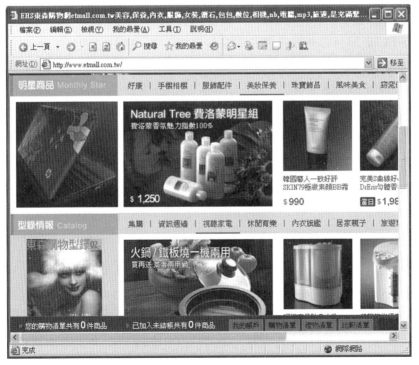

行動商務提供隨時隨地上網購物功能

CHAPTER

1

> **Tips**
>
> 　　「全球定位系統」（Global Positioning System, GPS）是透過衛星與地面接收器，達到傳遞方位訊息、計算路程、語音導航與電子地圖等功能，目前有許多汽車與手機都安裝有GPS定位器作為定位與路況查詢之用。

## 本章習題

1. 一般而言，ISP提供哪些服務？

2. 通常表示網址的方法有哪兩種？

3. 網域名稱的組成是屬於階層性的樹狀結構，共包含哪四部分？

4. 請列出網際網路的四種連線方式。

5. 請說明Cable modem上網的技術原理。

6. FTTx網路有哪些服務模式？

7. 何謂App？

8. 何謂雲端運算？

9. 試說明創客經濟。

# 第二章

# Web 演進與應用服務工具

　　由於寬頻網路的盛行，熱衷使用網際網路的人口也大幅的增加，而在網際網路所提供的服務中，又以「全球資訊網」（WWW）的發展最為快速與多元化。「全球資訊網」（World Wide Web, WWW），又簡稱為Web，一般將WWW唸成「Triple W」、「W3」或「3W」，它可說是目前Internet上最流行的一種新興工具，它讓Internet原本生硬的文字介面，取而代之的是聲音、文字、影像、圖片及動畫的多元件交談介面。

全球資訊網上充斥著各式各樣的網站

# 2-1 認識Web

　　WWW主要是由全球大大小小的網站所組成的，其主要是以「主從式架構」（Client/Server）為主，並區分為「用戶端」（Client）與「伺服端」（Server）兩部分。WWW的運作原理是透過網路客戶端（Client）的程式去讀取指定的文件，並將其顯示於您的電腦螢幕上，而這個客戶端（好比我們的電腦）的程式，就稱為「瀏覽器」（Browser）。目前市面上常見的瀏覽器種類相當多，各有其特色。

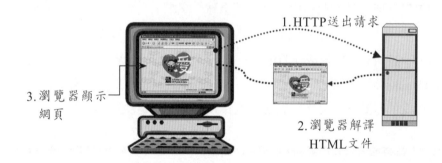

　　例如我們可以使用家中的電腦（客戶端），並透過瀏覽器與輸入URL來開啟某個購物網站的網頁。這時家中的電腦會向購物網站的伺服端提出顯示網頁內容的請求。一旦網站伺服器收到請求時，隨即會將網頁內容傳送給家中的電腦，並且經過瀏覽器的解譯後，再顯示成各位所看到的內容。

## 2-1-1 全球資源定位器（URL）

　　當各位打算連結到某一個網站時，首先必須知道此網站的「網址」，網址的正式名稱應為「全球資源定位器」（URL）。簡單的說，URL就是WWW伺服主機的位址用來指出某一項資訊的所在位置及存取方式。嚴格一點來說，URL就是在WWW上指明通訊協定及以位址來享

用網路上各式各樣的服務功能。使用者只要在瀏覽器網址列上輸入正確的URL，就可以取得需要的資料，例如「http://www.yahoo.com.tw」就是yahoo!奇摩網站的URL，而正式URL的標準格式如下：

> protocol://host[:Port]/path/filename

其中protocol代表通訊協定或是擷取資料的方法，常用的通訊協定如下表：

| 通訊協定 | 說明 | 範例 |
|---|---|---|
| http | HyperText Transfer Protocol，超文件傳輸協定，用來存取WWW上的超文字文件（hypertext document） | http://www.yam.com.tw（蕃薯藤URL） |
| ftp | File Transfer Protocol，是一種檔案傳輸協定，用來存取伺服器的檔案 | ftp://ftp.nsysu.edu.tw/（中山大學FTP伺服器） |
| mailto | 寄送E-Mail的服務 | mailto:eileen@mail.com.tw |
| telnet | 遠端登入服務 | telnet://bbs.nsysu.edu.tw（中山大學美麗之島BBS） |
| gopher | 存取gopher伺服器資料 | gopher://gopher.edu.tw（教育部gopher伺服器） |

host可以輸入Domain Name或IP Address，[:port]是埠號，用來指定用哪個通訊埠溝通，每部主機內所提供之服務都有內定之埠號，在輸入URL時，它的埠號與內定埠號不同時，就必須輸入埠號，否則就可以省略，例如http的埠號為80，所以當我們輸入yahoo!奇摩的URL時，可以如下表示：

> http://www.yahoo.com.tw:80/

由於埠號與內定埠號相同，所以可以省略「:80」，寫成下式：

> http://www.yahoo.com.tw/

## 2-1-2 Web演進史

　　隨著網際網路的快速興起，從最早期的Web 1.0到邁入Web 3.0的時代，每個階段都有其象徵的意義與功能，對人類生活與網路文明的創新也影響越來越大，尤其目前進入了Web 3.0世代，帶來了智慧更高的網路服務與無線寬頻的大量普及，更是徹底改變了現代人工作、休閒、學習、行銷與獲取訊息方式。

　　Web 1.0時代受限於網路頻寬及電腦配備，對於Web上網站內容，主要是由網路內容提供者所提供，使用者只能單純下載、瀏覽與查詢，例如我們連上某個政府網站去看公告與查資料，只能乖乖被動接受，不能輸入或修改網站上的任何資料，單向傳遞訊息給閱聽大眾。

　　Web 2.0時期寬頻及上網人口的普及，其主要精神在於鼓勵使用者的參與，讓網民可以參與網站這個平台上內容的產生，如部落格、網頁相簿的編寫等，這個時期帶給傳統媒體的最大衝擊是打破長久以來由媒體主導資訊傳播的藩籬。PChome Online網路家庭董事長詹宏志就曾對Web 2.0作了個論述：如果說Web1.0時代，網路的使用是下載與閱讀，那麼Web2.0時代，則是上傳與分享。

部落格是Web 2.0時相當熱門的新媒體創作平台

在網路及通訊科技迅速進展的情勢下，我們即將進入全新的Web 3.0時代，Web 3.0跟Web 2.0的核心精神一樣，仍然不是技術的創新，而是思想的創新，強調的是任何人在任何地點都可以創新，而這樣的創新改變，也使得各種網路相關產業開始轉變出不同的樣貌。Web 3.0能自動傳遞比單純瀏覽網頁更多的訊息，還能提供具有人工智慧功能的網路系統，隨著網路資訊的爆炸與泛濫，整理、分析、過濾、歸納資料更顯得重要，網路也能越來越了解你的偏好，而且基於不同需求來篩選，同時還能夠幫助使用者輕鬆獲取感興趣的資訊。

Web 3.0時代，許多電商網站還能根據網路社群來提出產品建議

**Tips**

　　人工智慧（Artificial Intelligence, AI）的概念最早是由美國科學家John McCarthy於1955年提出，目標為使電腦具有類似人類學習解決複雜問題與展現思考等能力，舉凡模擬人類的聽、說、讀、寫、看、動作等的電腦技術，都被歸類為人工智慧的可能範圍。簡單地說，人工智慧就是由電腦所模擬或執行，具有類似人類智慧或思考的行為，例如推理、規劃、問題解決及學習等能力。

### 2-1-3 瀏覽器

　　用來連上WWW網站的軟體程式稱爲「瀏覽器」（Browser），早期的瀏覽器只支援簡易的HTML，由於瀏覽器的迅速發展，各種版本的瀏覽器紛紛出現。「瀏覽器」必須具有解譯HTML標記的能力，才能以適當方式將圖、文、影、音等多媒體資料顯示出來，目前市面上常見的瀏覽器種類眾多，例如微軟（Microsoft）所開發的IE（Internet Explorer）與最新推出的Edge，或是Google所推出的Chrome，都是相當知名好用的瀏覽器。

五個鈕的功能依序爲：
1. 手寫筆
2. 螢光筆
3. 橡皮擦
4. 新增輸入的筆記
5. 裁剪

Edge是微軟於Windows 10加入的最新版瀏覽器

　　例如Google Chrome則是由Google所出品的網頁瀏覽器，從上市到現在人氣一直居高不下。設計的主旨就在快速，希望盡各種可能縮短使用時間，例如快速桌面啓動、瞬間載入網頁，還可迅速執行複雜的網路應用程式，可以使用外掛來強化Chrome的功能，讓Chrome除了速度之外又增加了強大的附加功能。Chrome還具有多項安全機制，包括排除惡意軟體與

網路釣魚的侵入等。由於其獨有的技術，能以相當快的速度執行互動式網頁、網路應用程式以及 JavaScript 指令碼，幾乎可以在瞬間載入網頁：

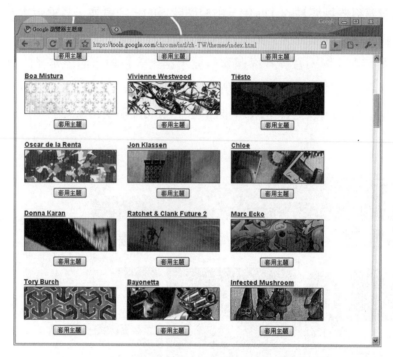

Google Chrome還可改變成設定的主題背景

## 2-2 Web上的應用工具

目前已經進入了Web 3.0的時代，更是徹底改變了現代人工作、休閒、學習、表達想法與花錢的方式。Web的發展就像小嬰兒一般，一暝大一寸。近年來，在資訊科技進步與創意思維地不斷累積下，如雨後春筍般產生了許多熱門的網路資源與利器，例如學生要繳交作業，不妨到WWW上五花八門的網站去尋找相關資訊，保證各位入寶山，絕對不會空手而回。本章將為您介紹與回顧Web上曾經名噪一時的應用工具。

# 2-3 BBS

　　BBS（Bulletin Board System）簡稱電子布告欄，早在WWW全球網際網路還不發達的年代，BBS就已經十分風行了，國內的大專院校幾乎都會架設許多BBS站台，至今BBS仍是各大專院校學生上網討論的主要園地。BBS也提供電子信箱以及聊天的功能，很多學校學生也會自己申請開闢一個討論主題，通常稱為「版主」，主持討論的園地，所以頗受時下年輕學子喜愛。雖然登入BBS站有一些實用熱門的軟體，例如KKman就頗受歡迎，Windows本身就提供了Telnet上站功能，不過在Windows 10預設關閉Telnet，您必須在控制台中的程式集中的「開始與關閉程式功能」將Telnet用戶端程式勾選：

我們以台灣大學PTT BBS網址為例：telnet://ptt.cc：

1.

在Windows 10/11的開始功能表中的「Windows系統」找到「執行」指令

2.
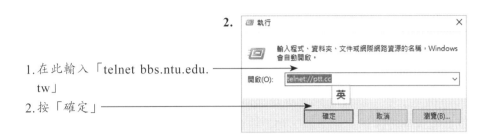

1.在此輸入「telnet bbs.ntu.edu. tw」

2.按「確定」

3.
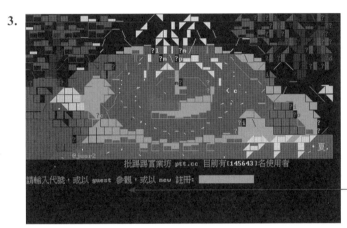

輸入「guest」按 Enter，以客人身分進入瀏覽或以new註冊

**Tips**

　　批踢踢實業坊（PTT）是以電子布告欄（BBS）系統架設，主要以學術性質為原始目的，提供線上言論空間，是一個知名度很高的電子布告欄類平台的網路論壇，鄉民百科只要遵守簡單的編寫規則，即可自由編寫，每天收錄4萬多篇文章，它有兩個分站，分別為批踢踢兔與批踢踢參，目前在批踢踢實業坊與批踢踢兔註冊總人數超過150萬人以上，逐漸成為台灣最大的網路討論空間。

CHAPTER

2

### 2-3-1 Blog網誌

　　網誌（Web log，縮寫Blog），或稱網路日誌、博客、部落格，是一種新興的網路應用技術，主要為個人專屬的創作站台。傳統的部落格的主要媒體為文字，但發展至今，在部落格上可以張貼文章、圖片、影片、其他部落格或網站的超連結。和傳統電子布告欄（BBS）相比，部落格比BBS功能來得更多，還可以依自己喜好更改網站外觀、設定文章分類，而且還有搜尋的功能。

　　如果各位也想經營自己的Blog，目前有兩種形式，一種是自行建置Blog站台，另外一種則是利用網路業者提供的Blog平台，各位只需註冊就可以使用。各位可以選擇使用現行的Blog軟體來架置專屬的站台，目前國內較為廣泛使用的Blog軟體有Movable Type（MT）、WordPress與pLog等。對於沒有任何程式技術背景，又想使用Blog的人來說，直接使用網路業者所提供的Blog服務最方便了，目前國內有不少提供免費Blog的服務，列表如下：

| Blog名稱 | 網址 |
|---|---|
| 新浪部落 | http://blog.sina.com.tw/ |
| 隨意窩Xuite日誌 | https://blog.xuite.net/ |
| udn部落格 | http://blog.udn.com/ |
| 痞客邦部落格 | https://www.pixnet.net/blog |

## 2-3-2 FTP檔案傳輸服務

　　FTP（File Transfer Protocol）是一種檔案傳輸協定，透過這種協定，不同電腦系統，也能在網際網路上相互傳輸檔案。FTP傳輸分為兩種模式：下載（Download）和上傳（Upload）。下載是從PC透過網際網路擷取伺服器中的檔案，將其儲存在PC電腦上。而上傳則相反，是PC使用者透過網際網路將自己電腦上的檔案傳送儲存到伺服器電腦上。現在已有許多FTP站台都已將FTP檔案傳輸服務網頁化，我們可以在瀏覽器直接輸入網址，就可以根據檔案存放的路徑進行下載，例如義守大學的檔案伺服器，其網址為http://ftp.isu.edu.tw/。

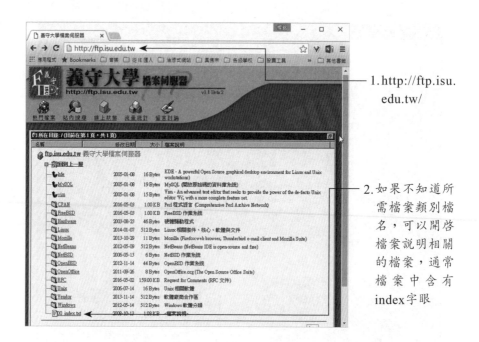

1. http://ftp.isu.
edu.tw/

2. 如果不知道所
需檔案類別檔
名,可以開啓
檔案說明相關
的檔案,通常
檔案中含有
index字眼

　　除了以網頁模式進行FTP檔案的下載外,更佳的方式就是直接下載
FTP軟體,常見的FTP軟體有:32bit FTP、CuteFTP Filezilla、FTP Navi-
gator、SmartFTP WS_FTP Professional、WS_FTP Professional等,這些軟
體有的支援拖放功能就可以輕鬆傳輸檔案,如果各位有興趣下載各式的
FTP軟體,建議可以參考史萊姆網站的FTP軟體說明及下載服務,如下列
網頁所示:

http://www.slime.com.tw/d-2.htm

## 2-3-3 RSS訂閱

　　RSS的觀念就和訂閱報紙雜誌相同，它將網站與瀏覽者的立場對調，讓各位從資訊搜尋者變成是資訊接收者。只要網站的畫面中有「RSS」文字或  圖示，就表示我們可以訂閱這個網站的內容，當這個網站有資訊更新時會主動寄發最新資訊給訂閱者。而訂閱者則可以使用「RSS閱讀器」軟體或是具有接收RSS訊息功能的網頁來進行閱讀：

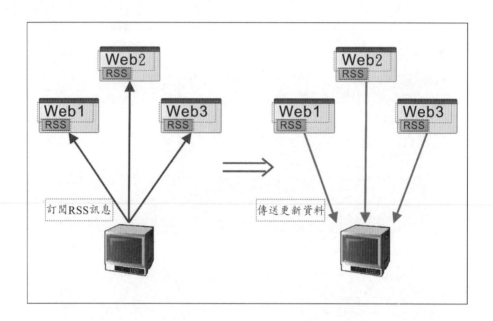

　　說到訂閱，許多人會聯想到電子報，RSS其實與電子報有異曲同工之妙，兩者差別在於電子報是主動定時以E-Mail發送給讀者，時間間隔通常是一週或一個月，而RSS是透過軟體由讀者主動蒐集想要的資訊，時間間隔可由讀者控制，資訊也較具有即時性。

　　這樣的做法不但可以得到最新資訊，還可以節省一一到網站找尋的時間，並且資訊也不會重複，不用每天上站確認是否有新內容。透過RSS使用，網頁編輯人員很容易地產生並散播新聞鏈結或標題或摘要等資料，國內外重要媒體或財經網站都使用RSS對讀者派送網頁內容。

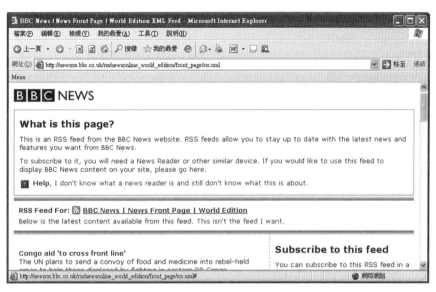

BBC News透過RSS對讀者派送新聞內容

## 2-3-4 維基百科

Wiki一詞起源於夏威夷語「wee kee wee kee」，意思為「快點快點」，暗諭維基這種系統急需更多人的參與，發明人沃德‧坎甯安（Ward Cunningham）以此命名了Wiki這種全新的Web應用模式。相較於傳統網頁或論壇著作權獨占的思維，維基則採用「內容開放」的精神，不但不主張版權的所有權，並提供一種允許自由編輯的開放架構，讓來自世界各地的每一位使用者，都可以自由地閱讀與搜尋網站上所整理的知識。

Wiki網頁內容主要針對特定主題專業及完備的加強

　　Wiki在著作權的宣告打破傳統的慣例，只要符合維基網站的需要與規範，任何人都可以在維基上撰寫新的詞條，或編輯、修改已經存在的詞條。也就是說，維基系統的中心思維，是希望以共同創作的方法，提供眾人建立與更新網站知識庫文件。它提供了一種共同創作（collaborative）環境的網站，因此非常適用於團隊來建立及共享其特定領域的知識。

　　維基百科（Wikipedia）就是使用WiKi系統的一個非常有名的例子。所謂的維基百科（Wikipedia, WP），是一種全世界性的內容開放的百科全書協作計畫，這個計劃的主要目標是希望世界各地的人，以他們所選擇的言語，完成一部自由的百科全書（Encyclopedia）。目前也陸續出現眾多Wiki維基網站，例如中國大百科（http://www.cndbk.com.cn）、維庫（http://www.wikilib.com）、互動線上（http://www.hoodong.com）等。

在維基百科中提供了超過二百五十種語言的版本，也無限定編輯者的身分資格，任何人都可針對其本身的專業知識來將其加入到網站中，讓這個知識百科隨時都可以維持在最新的狀態。即使是一般使用者，也可以從維基百科中找到所需要的知識內容。

## 2-3-5 P2P下載

P2P為Peer-to-Peer的縮寫，就是一種點對點分散式網路架構，可讓兩台以上的電腦，藉由系統間直接交換來進行電腦檔案和服務分享的網路傳輸型態，使得資料的傳遞及取得不再受限於單一主機平台，而非傳統主從式架構。不僅下載速度快，其資源也是非常豐富。只要網路的頻寬夠大，下載影片或是其他資源都是非常的快速與便利。

早期各位在網路上下載資料時都是連結到伺服器來進行下載（如

FTP），也由於檔案資料都是存放在伺服器的主機上，若是下載的使用者太多或是伺服器故障，就會造成連線速度太慢與無法下載的問題：

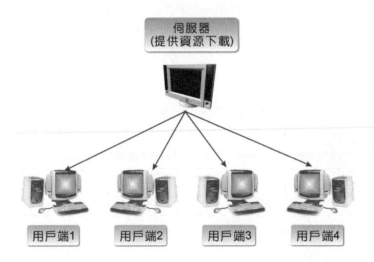

相對而言，P2P點對點技術則是讓每位使用者都能提供資源給其他人，自己本身也能從其他連線使用者的電腦下載資源，以此構成一個龐大的網路系統。至於伺服器本身只提供使用者連線的檔案資訊，並不提供檔案下載的服務：

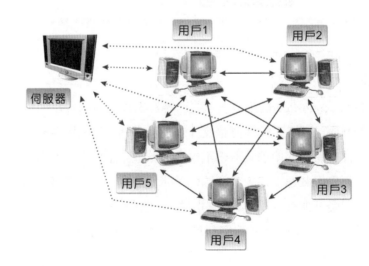

　　由於投入開發P2P軟體的廠商相當多，且每家廠商實作的作法上有一些差異，因此形成了各種不同的P2P社群。例如BitTorrent（BT）、emule、ezPeer+等。

電子驢與BT下載軟體網站

# 2-4 社群網路服務

　　從Web 1.0到Web 3.0的轉變，如雨後春筍般產生了許多熱門的網路資源與利器，例如社群網路服務（Social Networking Service, SNS）就是Web 2.0體系下的一個技術應用架構，是基於哈佛大學心理學教授米爾格藍（Stanely Milgram）所提出的「六度分隔理論」（Six Degrees of Separation）運作。這個理論主要是說在人際網路中，要結識任何一位陌生的朋友，中間最多只要通過六個朋友就可以。從內涵上講，就是社會型網路社區，即社群關係的網路化。通常SNS網站都會提供許多方式讓使用者進行互動，包括聊天、寄信、影音、分享檔案、參加討論群組等。

　　網路社群或撑虛擬社群（virtual community或Internet community）是網路獨有的生態，可聚集共同話題、興趣及嗜好的社群網友及特定族群討論共同的話題，達到交換意見的效果。網路社群的觀念可從早期的BBS、

論壇、一直到近期的部落格、噗浪、微博或者Facebook，隨著各類部落格及社群網站（SNS）的興起，網路傳遞的主控權已快速移轉到網友手上，由於這些網路服務具有互動性，因此能夠讓網友在一個平台上，彼此溝通與交流。時至今日，我們的生活已經離不開網路，而與網路最形影不離的就是「社群」，這已經從根本撼動我們現有的生活模式了。

美國前總統川普經常在推特上發文表達政見

**Tips**

「同溫層」（stratosphere）是近幾年出現的流行名詞，簡單來說，與我們生活圈接近且互動頻繁的用戶，通常同質性高，所獲取的資訊也較為相近，容易導致比較願意接受與自己立場相近的觀點，對於不同觀點的事物，選擇性地忽略，進而形成一種封閉的同溫層現象。

## 2-4-1 臉書（Facebook）

　　Facebook是一個社群網路服務網站，希望透過社群的力量，以認識朋友的朋友作為擴大交友群的方式，例如在生活中有些人你想認識或是一些朋友想保持聯絡，我們都可以透過Facebook與這些朋友們建立互動。在Facebook註冊的網路用戶，可以建立自己專屬的個人資訊，包括個人興趣、設定照片。只要是Facebook的用戶，能以公開的型式留言給其他人，或私下留言給特定的朋友。Facebook提供多種找尋朋友、同事或同學的方式，當你找到這些人在Facebook的聯絡方式，只要與他們建立連結，他們就成為你在Facebook裡的朋友，並隨時得知這些朋友的最新動態，甚至還可以透過Facebook這個平台，和這些好朋友們分享生活中的點滴。

開心水族箱

Candy Crush Soda Saga

臉書社群上所提供的好玩小遊戲

**Tips**

　　打卡（在臉書上標示所到之處的地理位置）是普遍流行的現象，透過臉書打卡與分享照片，更讓學生、上班族、家庭主婦都為之瘋狂。例如餐廳給來店消費打卡者折扣優惠，利用臉書粉絲團商店增加品牌業績，對店家來說也是接觸普羅大眾最普遍的管道之一。

CHAPTER

2

CHAPTER

2

當各位註冊成為Facebook的會員之後，建議不妨將Facebook首頁加入我的最愛，當你連上Facebook的首頁時。各位進入首頁後，就可以透過朋友搜尋器，快速在你的Facebook建立朋友人脈，不僅可以快速找到自己的同學、同事或朋友，還可以透過社群經營的方式，快速認識你朋友的朋友。在自己的Facebook首頁，你隨時可以看到朋友們即時發表的文章或轉貼，可以幫助你與朋友間互動，也可以快速掌握到朋友的日常生活點滴，包括相片近況、發表文章、有趣連結等。

Facebook首頁可以即時發表的文章

按下Facebook頁面上方「交友邀請」連結後，就可以查看目前有哪些朋友已寄邀請給您，同時也可以設定哪些人可以寄邀請給您。

例如：目前預設為所有人都可以寄邀請給你，如果想更改為只有「朋友的朋友」可以寄邀請給你，就請按上圖「設定」文字連結，會進入下圖視窗，就可以決定哪些人可以寄送邀請給你。

為了讓好友們可以更了解你現在生活的點滴，我們可以隨時在個人檔案和首頁上方的框框分享任何連結、相片、註解和短篇的近況文章。例如下圖視窗中，在首面上方的框框中輸入一些文字。接著按下「發佈」鈕，

就可以在個人檔案的頁面,看到剛才所發表的動態消息。同時,您還可以指定誰能看到這篇動態消息。

## 2-4-2 Instagram

Instagram是一個結合手機拍照與分享照片機制的新社群軟體,2022年Instagram每月活躍用家已經超過7億用戶,也是目前在眾多社群平台中和追蹤者互動率最高的平台。Instagram操作相當簡單,而且具備即時性、高隱私性與互動交流相當方便,時下許多年輕人會發佈圖片搭配簡單的文字來抒發心情。Instagram 的崛起,代表用戶對於影像社群的興趣開始大幅提升,由於藝術特效的加持,例如Instagram有非常強大的濾鏡功能,加上上傳分享的便利性也因此快速竄紅成為近幾年的人氣社群平台,累積了大量的用戶。

許多企業在Instagram上推出促銷活動

　　Instagram本身是具有搜尋功能的，並且大多數的搜尋行為都是透過主題標籤來進行。當各位安裝好Instagram程式並進入主頁畫面後，若要探索有興趣的熱門主題、人物、或標籤，可由底端按下「搜尋」IG022鈕，接著由頂端的「搜尋」列輸入關鍵文字，就能在下方看到搜尋的結果。如左下圖所示，輸入關鍵字「鬆餅」，可以查詢到與鬆餅有關的人物或地標。若要進行主題的搜尋，可在關鍵字之前加入「#」符號，那麼貼文中有加入該關鍵字詞的貼文就會一併被搜尋到，如右下圖所示：

CHAPTER

2

當各位搜尋任何主題或關鍵字後，頁面中央會以格子狀的縮圖顯現所有貼文，如下圖所示。各位可以看到在格子狀的縮圖右上方還有不同的小圖示，它們分別代表著相片、多張相片／影片、或是視訊。

　　點選有視訊影片  圖示的縮圖，就會自動開啓該用戶的貼文並播放影片內容，不僅拉近與顧客的距離、成功塑造店家形象。如左下圖所示。對於貼文中包含有多張的相片或影片，在點進去後只要利用手指尖左右滑動，就可以進行切換畫面的切換。

影片播放

使用指尖左右滑動可切換多張畫面

　　至於Instagram的「Direct」功能可將文字、相片、影片傳送給指定的人，傳送文字訊息給對方後，對方可以直接進行回覆並回傳訊息給傳送者，而相片可以選擇只能觀看一次或是允許重播。要使用「Direct」功能，請由「首頁」 🏠 右上角按下 ✈ 鈕，進入「Direct」頁面後找到想要傳送的對象，按下好友後方的相機 📷 鈕就能啓動拍照的功能，或是

切換到「文字」進行訊息的輸入，而訊息入完成後，按下下方的圓形按鈕即可進行傳送。

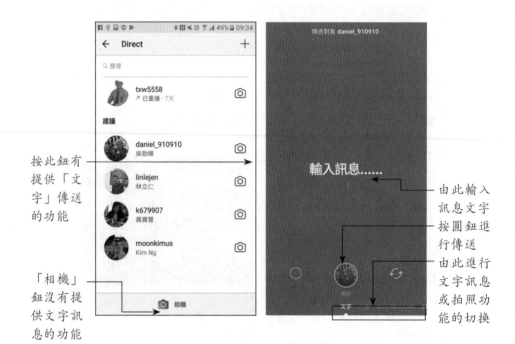

按此鈕有提供「文字」傳送的功能

「相機」鈕沒有提供文字訊息的功能

由此輸入訊息文字

按圓鈕進行傳送

由此進行文字訊息或拍照功能的切換

## 2-4-3 LINE

隨著智慧型手機的普及，不少個人和企業藉行動通訊軟體增進工作效率與降低通訊成本，甚至作為公司對外宣傳發聲的管道，行動通訊軟體已經迅速取代傳統手機簡訊。國人最常用的App前十名中，即時通訊類占了四位，第一名便是LINE。全世界有接近三億人口是LINE的用戶，而在台灣就有一千九百多萬的人口在使用LINE手機通訊軟體。

LINE主要是由韓國最大網路集團NHN的日本分公司開發設計完成，NHN母公司位於韓國，主要服務為搜尋引擎NAVER與遊戲入口HANGAME，LINE軟體就是行動裝置上可以使用的一種免費通訊程式，

它能讓各位在一天24小時中，隨時隨地盡情享受免費通話與通訊，甚至透過方便不用錢的視訊通話和遠在外地的親朋好友通話，就好像Skype即時通軟體的功能一樣，也可以打電話與留訊息。

App Store中下載或更新的畫面

在LINE中必須彼此是好友才可以開始互通訊息與通話，雙方已經有LINE帳號了，要怎麼互相加為好友呢？LINE提供了多種加好友的方式，在此我們建議以下三種常見方式：

1. 以**ID／電話號碼搜尋**功能，輸入**ID或電話號碼**來加入好友。其中透過手機號碼找朋友，還真的是挺方便的，如果各位不想要的讓對方有你的電話就能隨便亂加的話，請在好友設定中，取消勾選「允許被加入好友」，這樣就不會被亂加了。

**2.**以手機鏡頭直接掃描對方的**QRcode**來加入好友。

**3.**雙方一同開啓藍芽功能，即可配對加入好友。

　　如果要打電話給對方，只要開啓對方的視窗，並按下右下角的電話圖示即可開始撥打。

LINE的好友畫面

LINE打國際電話不但免費，
音質也相當清晰

　　LINE團隊真的比較容易抓住東方消費者含蓄的個性，首先用貼圖來取代文字，活潑的表情貼圖是LINE的最大特色，不僅比文字簡訊更爲方便快速，還可以表達出內在情緒的豐富性，非常受到手機族群的喜愛。LINE的貼圖可以讓你盡情表達哭與笑，推出熊大、兔兔、饅頭人與詹姆士等超人氣偶像，LINE主題人物的話題性趣味十足。

貼圖對於保守的亞洲人有一圖勝萬語的功用

　　由於行動平台會占據人們更多的時間，其行銷的潛力絕對不容小覷，LINE又鎖定全國實體店家，導入日本的創新行銷工具「LINE@生活圈」，真正和顧客建立起長期的溝通管道。這項服務讓店家可以透過LINE帳號推播即時活動訊息給顧客，將線上的好友轉成實際消費顧客群，讓你的顧客及粉絲更靠近，進而經營自己的客群，並定期更新動態訊息，爭取最大的曝光機會。

圖片來源：LINE官方網站

　　任何LINE用戶只要搜尋ID、掃描QR Code或是搖一搖手機，就可以加入喜愛店家的「LINE@生活圈」帳號。「LINE@生活圈」搖身一變成了一個神奇又好用的行銷工具，強調互動功能與即時直接回應顧客傳來的問題，可讓商家直接收到客戶的諮詢，在顧客還沒有到店前傳達訊息，並直接回應客戶的需求，像是預約訂位或活動諮詢等，實體店家也可以利用LBS鎖定生活圈5公里的潛在顧客進行廣告行銷。

## 2-4-4 推特（Twitter）

　　Twitter是一個社群網站，也是一種重要的社交媒體行銷手段，有助於品牌迅速樹立形象，2006年Twitter開始風行全世界許多國家，是全球十大網路瀏覽量之一的網站，使用Twitter，可以增加品牌的知名度和影響力，並且深入到更廣大的潛在族群。Twitter在台灣比較不流行，盛行於歐美國家，比較Twitter與臉書，可以看出用戶的主要族群不同，能夠打動人心的貼文特色也不盡相同。有鑑於Twitter的即時性，能夠在Twitter上即時且準確地回覆顧客訊息，也可能因此提升品牌的形象和評價，整體來說，要獲得新客戶的話可以利用 Twitter，強化與原有客戶的交流則是臉書與Instagram較為適合。

Twitter官方網站：https://twitter.com/

　　要利用Twitter吸引用戶目光，重點在於題材的趣味性以及話題性。由於照片和影片越來越受歡迎，為提供用戶多樣化的使用經驗，Twitter的資訊流現在能分享照片及影片，有許多品牌都以Twitter作為主要的社群網絡，但成功的關鍵在於品牌的特性必須符合Twitter的使用者特性。

**Tips**

　　微網誌，即微部落格的簡稱，是一個基於使用者關係的訊息分享、傳播以及取得平台。微網誌從幾年前於美國誕生的Twitter（推特）開始盛行，相對於部落格需要長篇大論來陳述事實，微網誌強調快速即時、字數限定在一百多字以內，簡短的一句話也能引發網友熱烈討論。

# 本章習題

1. 試說明URL的意義。

2. 試簡述web 3.0的精神。

3. 何謂續傳軟體？又何謂分割下載？請舉實例操作說明。

4. 實地申請一個BBS帳號，並張貼文章以及在討論區回覆一篇文章。

5. 何謂入口網站？何謂部落格（Blog）？

6. 試評論P2P軟體的優缺點。

7. 試簡述網路新聞匯集系統（Really Simple Syndication, RSS）。

8. 何謂社群網路服務（Social Networking Service, SNS）？

9. 什麼是同溫層（stratosphere）」效應？試簡述之。

10. 什麼是臉書的打卡？

11. 請簡介LINE提供的三種加好友方式？

12. 請簡介LINE@生活圈的功能。

# 第三章

# 雲端運算與物聯網導論

　　隨著網際網路（Internet）的興起與蓬勃發展，網路的發展更朝向多元與創新的趨勢邁進，所謂雲端運算（Cloud Computing）是一種基於網際網路的運算方式，已經成為下一波電腦與網路科技的重要商機，或者可以看成將運算能力提供出來作為一種服務。Google是最早提出雲端運算概念的公司。

Google是最早提出雲端運算概念的公司

最初Google開發雲端運算平台是為了能把大量廉價的伺服器集成起來、以支援自身龐大的搜尋服務,最簡單的雲端運算技術在網路服務中已經隨處可見,例如「搜尋引擎、網路信箱」等,進而通過這種方式,共用的軟硬體資源和資訊可以按需求提供給電腦各種終端和其他裝置。Google執行長施密特(Eric Schmidt)在演說中更大膽的說:「雲端運算引發的潮流將比個人電腦的出現更為龐大!」。

# 3-1 雲端運算簡介

雲端運算的熱潮不是憑空出現,實是多種技術與商業應用的的成熟,最初Google開發雲端運算平台是為了能把大量廉價的伺服器集成起來、以支援自身龐大的搜尋服務,最簡單的雲端運算技術在網路服務中已經隨處可見,例如「搜尋引擎、網路信箱」等,進而共用的軟硬體資源和資訊可以按需求提供給電腦各種終端和其他裝置。雲端運算將虛擬化公用程式演進到軟體即時服務的夢想實現,也就是只要使用者能透過網路、由用戶端登入遠端伺服器進行操作,就可以稱為雲端運算。

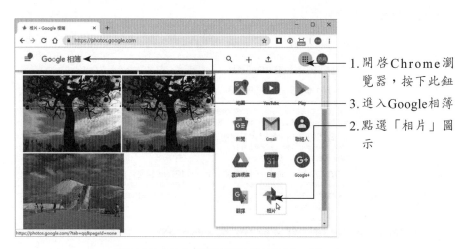

現代生活中雲端服務的應用無處不在

### 3-1-1 雲端運算的定義

　　由於網路是透過各種不同的媒介模式、將用戶端的個人電腦與遠端伺服器連結在一起，只要使用者能透過網路、由用戶端登入遠端伺服器進行操作，就可以稱爲雲端運算。雲端運算原理源自於「網格運算」（Grid Computing），實現了以分散式運算技術來創造龐大的運算資源，以解決專門針對大型的運算任務，也就是將需要大量運算的工作，分散給很多不同的電腦一同運算，簡單來說，就是將分散在不同地理位置的電腦共同聯合組織成一個虛擬的超級電腦，運算能力並藉由網路慢慢聚集在伺服端，伺服端也因此擁有更大量的運算能力，最後再將計算完成的結果回傳。

微軟在開發雲端運算應用上投入大量的資源

　　「雲端運算」的目標就是未來每個人面前的電腦，都將會簡化成一台最陽春的終端機，只要具備上網連線功能即可，也就是利用分散式運算，

共用的軟硬體資源和資訊可以按需求提供給電腦各種終端和其他裝置,將終端設備的運算分散到網際網路上眾多的伺服器來幫忙,讓網路變成一個超大型電腦,未來要讓資訊服務如同水電等公共服務一般,隨時都能供應。

## 3-1-2 雲端服務簡介

　　所謂雲端運算的應用,其實就是「網路應用」,如果將這種概念進而衍伸到利用網際網路的力量,讓使用者可以連接與取得由網路上多台遠端主機所提供的不同服務,也就是「雲端服務」的基本概念。隨著個人行動裝置正以驚人的成長率席捲全球,成為人們使用科技的主要工具,不受時空限制,就能即時能把聲音、影像等多媒體資料直接傳送到電腦、平板行動裝置上,也讓雲端服務的真正應用達到了最高峰階段。

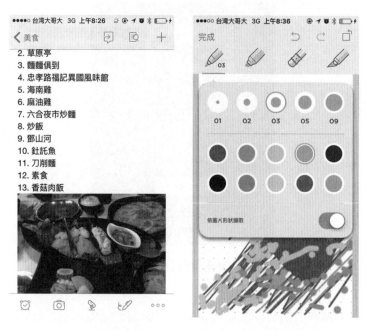

Evernote雲端筆記本是目前很流行的雲端服務

　　雲端服務還包括許多人經常使用Flickr、Google等網路相簿來放照片，或者使用雲端音樂讓筆電、手機、平板來隨時點播音樂，打造自己的雲端音樂台；甚至於透過免費雲端影像處理服務，就可以輕鬆編輯相片或者做些簡單的影像處理。

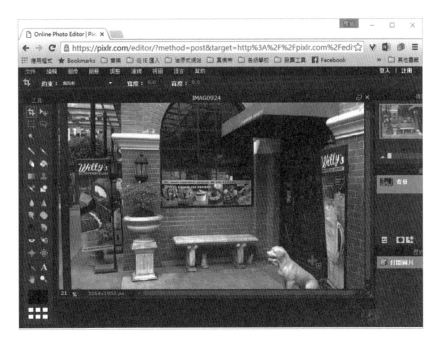

Pixlr是一套免費好用的雲端影像編輯軟體

　　在網路的世界中，Google的雲端服務平台最為先進與完備，所提供的應用軟體包羅萬象，Google雲端服務主要是以個人應用為出發點，在目前最熱門的雲端運算平台所提供的應用軟體非常多樣，例如：Gmail、Google線上日曆、Google Keep記事與提醒、Google文件、雲端硬碟、Google表單、Google相簿、Google地圖、YouTube、Google Play、Google Classroom等。

實用的Google雲端相簿

https://photos.google.com/apps

　　在我們日常生活中也有許多雲端運算的應用，例如台灣大車隊是全台規模最大的計程車隊，透過GPS衛星定位與智慧載客平台全天候掌握車輛狀況，並充分利用大數據技術，將即時的乘車需求提供給司機，讓司機更能掌握乘車需求，將有助降低空車率且提高成交率，並運用雲端運算資料庫，透過分析當天的天候時空情境和外部事件，精準推薦司機優先去哪個區域載客，優化與洞察出乘客最真正迫切的需求，也讓乘客叫車更加便捷，提供最適當的產品和服務。

台灣大車隊利用雲端運算資料庫提供更貼心的叫車服務

## 3-2 雲端運算技術簡介

　　由於目前不論是科技與傳統企業有八成的資訊支出花費在資訊硬體的維修費用，透過雲端運算的服務可協助企業大幅降低成本，提供隨時應變的資源應用與需求，可彈性與靈活度進行配置，對企業與使用者而言，雲端運算就像是擁有取之不盡的運算資源，不需考慮使用人數的多寡，只要打開瀏覽器，有網路連線隨時就要能夠使用，雲端運算背後所隱藏的龐大商機、正吸引著Google、微軟Microsoft、IBM、蘋果Apple等科技龍頭積極投入大量資源。

**雲端運算科技帶動電子商務快速興起，小資族就可輕鬆在雲端上開店**

　　時至今日，企業營運規模不分大小，普遍都已體會到雲端運算的導入價值，雲端運算可不是憑空誕生，之所以能有今日的雲端運算，其實不是任何單一技術的功勞，包括多核心處理器與虛擬化軟體等先進技術的發展，以及寬頻連線的無所不在，基本上，雲端運算之所以能夠統整運算資源，應付大量運算需求，關鍵就在以下幾種技術，接下來我們介紹目前最主要的雲端運算相關技術。

國際知名大廠VMware推出許多完整的雲端服務產品

## 3-2-1 虛擬化技術

最早的虛擬機（Virtual Machine）概念是出現在1960年代，主要的目的是為了提高珍貴的硬體資源利用率，根據切割硬體資源進行與彈性分配的最高原則，可允許一台實體主機同時執行多個作業系統，方法就是在一台實體主機內執行多個虛擬主機，之後由於需求的變化及軟硬體技術的更新，開始演進出許多種不同的應用形態，促使企業對虛擬技術的研究與應用。

例如像CPU運作的虛擬記憶體的概念，允許執行中的程式不必全部載入主記憶體中，作業系統就能創造出一個多處理程式的假象，因此程式的邏輯地址空間可以大於主記憶體的實體空間，也就是作業系統將目前程式使用的程式段（程式頁）放主記憶體中，其餘則存放在輔助記憶體（如磁

碟），程式不再受到實體記憶體可用空間的限制。

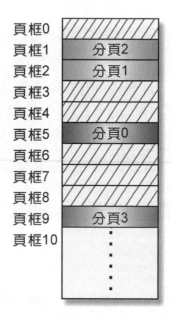

分頁模式的虛擬記憶體管理

　　每個程式都具備自己的記憶體（雖然是虛擬的），且在屬於自己的處理器上面運作，這樣的方式使得在實體記憶體不足的系統上，也可執行花費記憶體較多的應用程式。另外載入或置換使用者程式所須I/O的次數減少，執行速度也會加快，更增加了CPU使用率。

　　所謂雲端運算的「虛擬化技術」，就是將伺服器、儲存空間等運算資源予以統合，讓原本運行在真實環境上的電腦系統或元件，運行在虛擬的環境中，這個目的主要是為了提高硬體資源充分利用率，最大功用是讓雲端運算可以統合與動態調整運算資源，因而可依據使用者的需求迅速提供運算服務，讓越來越強大的硬體資源可以得到更充分的利用，因此虛擬化技術是雲端運算很重要的基礎建設。

　　基本上，透過虛擬化技術主要可以解決實體設備異質性資源的問題，在幾分鐘內就可以在雲端建立一台虛擬伺服器，每一台實體伺服器的運算資源都換成了許多虛擬伺服器，而且能在同一台機器上運行多個作業系統，比如同時運行Windows和Linux，方便跨平台開發者，加上這些虛擬的運算後，資源可以統整在一起，充分發揮伺服器的性能，達到雲端運算的彈性調度理想，任意分配運算等級不同的虛擬伺服器，因此即使虛擬伺服器所在的實體機器發生故障，虛擬伺服器亦可快速移到其已設置好虛擬化軟體的硬體上，系統不需要重新安裝與設定，新硬體與舊硬體也不必是相同規格，可以大幅簡化伺服器的管理。

## 3-2-2 分散式運算（Distributed Computing）

分散式運算概念的示意圖

圖片來源：https://itw01.com/GQW6EWY.html

CHAPTER

　　「分散式運算」（Distributed Computing）技術是一種架構在網路之上的系統，簡單來說，就是讓一些不同的電腦同時去幫你做進行某些運算，或者是說將一個大問題分成許多部分，分別交由眾多電腦各自進行運算再彙整結果，以完成單一電腦無力勝任的工作，強調在本地端資源有限的情況下，利用網路取得遠方的運算資源。在這種雲端運算的分散式系統架構中，可以藉由網路資源共享的特性，提供給使用者更強大的功能，並藉此提高系統的計算效能，任何遠端的資源，都被作業系統視為本身的資源，而可以直接存取，並且讓使用者感覺起來像在使用一台電腦透過分散式運算架構。這樣的運算需求就可以快速分派給數千數萬台伺服器來執行，然後再將結果集合起來，充分發揮最高的運算效率。例如Google的雲端服務就是利用分散式運算的典型，他們將成千上萬的低價伺服器組合成龐大的分散式運算架構，利用網路將多台電腦連結起來，透過管理機制來協調所有電腦之間的運作，以創造高效率的運算。

Google雲端服務都是使用分散式運算

CHAPTER

3

在此我們要補充一點，分散式運算的方式和「叢集式作業系統」（Clustered Operating System）十分類似，叢集式作業系統是在分散式作業系統中，利用高速網路將許多台設備與效能可能較低的伺服器或工作站連結在一起成叢集（cluster），就是將多台伺服器組成的一組較大的伺服器，利用網路聯接，以提供程式做平行運算，形成一個設備與效能較高的伺服主機系統。「叢集式處理系統」是多個獨立電腦的集合體，每一個獨立的電腦有它自己的CPU、專屬記憶體和作業系統，使用者能夠視需要取用或分享此叢集式系統中的計算及儲存能力，當叢集系統的某節點發生故障無法正常運作時，可以重新在其他節點執行該故障節點的程式，也能提供我們在系統的高可用性及運算能力上協助。如下圖所示：

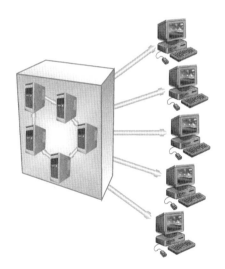

叢集式作業系統示意圖

簡單來說分散式是指將一個大工作拆分不同的小工作，分布在不同的電腦上執行，叢集則是指多台電腦集中在一起，共同參與一份大工作。叢集式作業系統除了高利用性外，在系統的擴充功能也較容易達到，是一種兼具高效能的作業系統，通常叢集式電腦系統可用來做為提供負載平衡

（Load Balancing）、容錯（Fault Torlent）或平行運算等目的。

---

**Tips**

「負載平衡」（Load Balancing）是指藉由使用由兩台或者多台以上主機以對稱的方式所組成的叢集主機，來執行分配伺服器工作量（負載）的功能，保持服務不因負載量過大而變慢或中斷，可以用最少的成本，就可獲得接近於大型主機的性能。

---

## 3-2-3 服務導向架構（SOA）

隨著雲端運算基礎架構的發展，如何結合企業資訊服務與外部雲端運算資源，是當前重要的研究課題。我們知道分散式處理是將資源或運算的工作分散給網路中其它的主機或伺服器上，由於網路科技快速發展，頻寬與速度皆快速成長，網路程式的執行不再被局限於單一電腦上，從早期的主機架構、主從式架構到服務導向架構，服務品質的整合已經成爲任何一個網路系統的重要成功因素。而整合式運算系統則恰好相反，它是利用網路上所有主機的運算能力，來共同完成各種的整合式需求。

例如現在網際網路上當紅的「網路服務」（Web Service）技術就是分散式系統未來發展的趨勢，讓每個企業組織能與商業夥伴公司內的應用系統加以整合，達到眞正共享及交換資訊的便利。從技術面來看，目前相當流行的「服務導向架構」（Service Oriented Architecture, SOA）就是一個以服務爲基礎的處理架構模型，在網際網路的環境下透過標準的界面，將分散各地的資源整合成一個資訊系統，基本上，服務導向架構與雲端運算有著相同概念與技術特點，而且都受到企業的關注及採用，SOA可快速整合在不同異質系統的資料來源，將系統的功能封裝爲各個服務，這樣的概念影響了雲端運算以服務的型式提供運算資源。其中開放標準是

SOA的核心特色，由網站服務技術等標準化元件組成，透過SOA讓不同性質的系統整合變得容易，這些模組化的軟體元件不但能重複使用，更可避免不同平台開發程式間相互整合的困擾，例如一套方便的提款機跨行提款的系統就可以成為SOA的最佳應用。

其實如果軟體的角度來看，SOA也算是一種軟體的架構，而網路服務（Web Service）則是在SOA架構下的一種軟體元件與軟體服務的概念。在目前網路科技的高速發展下，分散式處理的架構逐漸受到大家的注意，SOA可以透過Web Service的實做來達成將網路視為一個巨大的作業平台，所有的服務都可由網路上的網站自動連結完成，這樣的作法解決了各種平台及程式語言間的差異性，讓進行連結作業的兩端並不需要在交易其間作事先的溝通工作。

傳遞資料的交換工作在網際網路上是非常重要的，特別是傳送的資料文件必須標準化，由於XML在資料交換上的性能卓越，能夠輕易地解決在網路架構中進行資料處理與交換。XML（Extensible Markup Language，中文譯為「可延伸標示語言」），是由XML Working Group所制訂，XML著重在將文件資料以結構化的方式來表示，與HTML最大的不同在於XML是以結構與資訊內容為導向，補足了HTML只能定義文件格式的缺點，XML具有容易設計的優點，並且可以跨平台使用。當我們用瀏覽器開啟XML文件時，網頁會以XML原始碼呈現，瀏覽器僅提供簡單的預覽功能，XML必須搭配取出資料的程式才能發揮作用。

全球資訊網協會（World Wide Web Consortium, W3C）所定義的網路服務（Web Service）標準，成功地在HTTP通訊協定上所提供了標準化的介面，就是以XML與HTTP為基礎，訂定了三個標準：SOAP、UDDI、WSDL來為其他的應用程式提供服務。Web Service主要利用WSDL來進行描述，然後透過SOAP標準協定互相溝通，最後再由註冊中心（UDDI）發佈，從而使開發者和電子商務應用程式可以搜索及連結。WSDL、SOAP、UDDI三個標準的說明如下：

- SOAP（Simple Object Access Protocol，簡易物件存取協定）：1999年由微軟的研發中心與Lotus、IBM等大廠提出，架構在XML之上，是一種架構簡單的輕量級資料傳輸協定，用以定義在HTTP的協定上存取遠端物件的方法。只要訊息收送雙方都支援此協定，就可以彼此交談。目前用於分散式網路環境下做資料訊息交換，主要著力於結合HTTP與其衍生架構。

- WSDL（Web Services Description Language，Web服務描述語言）是由微軟與IBM攜手合作所發表一種以XML技術為基礎之網際網路服務描述語言，附檔名就是.WSDL，用來描述Web Service的語言，是利用一種標準方法來描述自己擁有哪些能力，可描述Web Service所提供功能與定義出介面、存取方式及位置。

- UDDI（Universal Description, Discovery and Integration，統一描述搜尋與整合）是由Ariba、IBM、微軟三大公司聯合主推Web Service註冊與搜尋機制，主要架構於XML技術之上，屬於一種B2B電子商務所使用的註冊機制標準，可定義一種方法可以來註冊及找尋web service。就像是常用的電話簿，使用者可透過電話簿來快速找到所提供web service的相關資料。例如可提供服務要求者一個搜尋機制，和取得和web service溝通的相關資訊，且促使業者更易於透過網際網路搜尋引擎尋找其他相關資源。

## 3-2-4 邊緣運算與霧運算

傳統的雲端資料處理都是在終端裝置與雲端伺服器之間，這段距離不僅遙遠，當面臨越來越龐大的資料量時，也會延長所需的傳輸時間，特別是人工智慧運用於日常生活層面時，常因網路頻寬有限、通訊延遲與缺乏網路覆蓋等問題，會遭遇極大挑戰，未來AI發展從過去主流的雲端運算模式，必須大量結合邊緣運算（Edge Computing）模式，搭配AI與邊緣運算能力的裝置也將成為幾乎所有產業和應用的主流。

雲端運算與邊緣運算架構的比較示意圖

圖片來源：https://www.ithome.com.tw/news/114625

　　「邊緣運算」（Edge Computing）屬於一種分散式運算架構，可讓企業應用程式更接近本端邊緣伺服器等資料，資料不需要直接上傳到雲端，而是盡可能靠近資料來源以減少延遲和頻寬使用，而具有了「低延遲（Low latency）」的特性。例如在處理資料的過程中，把資料傳到在雲端環境裡運行的App，勢必會慢一點才能拿到答案；如果要降低App在執行時出現延遲，就必須傳到鄰近的邊緣伺服器，速度和效率就會令人驚艷，如果開發商想要提供給用戶更好的使用體驗，最好將大部分App資料移到邊緣運算中心來進行。

音樂類App透過邊緣運算，聽歌不會卡卡

許多分秒必爭的AI運算作業更需要進行邊緣運算，即時利用本地邊緣人工智慧，便可瞬間做出判斷，像是自動駕駛車、醫療影像設備、擴增實境、虛擬實境、無人機、行動裝置、智慧零售等應用項目，例如無人機需要AI即時影像分析與取景技術，由於即時高清影像低延傳輸與運算大量影像資訊，只有透過邊緣運算，資料就不需要再傳遞到遠端的雲端，就可以加快無人機AI處理速度，在即將來臨的新時代，AI邊緣運算象徵了全新契機。

**Tips**

霧運算（Fog Computing）是一種分散式協作架構，最早是由思科系統（Cisco）所提出，描述介在雲端和邊緣設備之間的中間層

（稱為霧層）設備，也就是霧更貼近地面的雲，專注於將運算、通訊、控制和儲存資源與服務移到更靠近設備的地方所採用，彌補了雲端集中式運算在這方面問題的不足，霧像是更貼近地面的雲，就在你我身邊，以大幅縮短回應時間。

# 3-3 雲端運算的服務模式

根據美國國家標準和技術研究院（National Institute of Standards and Technology, NIST）的雲端運算明確定義了三種服務模式：

知名硬體大廠IBM也提供三種雲端運算服務

### 3-3-1 軟體即服務（SaaS）

　　「軟體即服務」（Software as a service, SaaS）是一種軟體服務供應商透過Internet提供軟體的模式，意指讓使用者不須下載軟體到本機上、不占用硬體資源的情況下，供應商透過訂閱模式提供軟體與應用程式給使用者，SaaS常被稱爲「隨選軟體」，並且通常是基於使用時數來收費，透過瀏覽器直接使用線上軟體，用戶只要透過租借基於Web的軟體，使用者本身不需要對軟體進行維護，可以利用租賃的方式來取得軟體的服務，在雲端運算架構中，伺服器並不會在乎你使用的電腦有優秀的運算能力，只要透過任何連接網際網路的裝置從世上任何地方進行存取。

　　例如本書中將會介紹的雲端概念的辦公室應用軟體（Google docs），可以將編輯好的文件、試算表或簡報等檔案，直接儲存在雲端硬碟空間中，提供各位一種線上儲存、編輯與共用文件的環境你只需要上網登錄Google文件，就可以具備像購買一套昂貴辦公室軟體所擁有的類似效果，而比較常見的模式是提供一組帳號密碼。

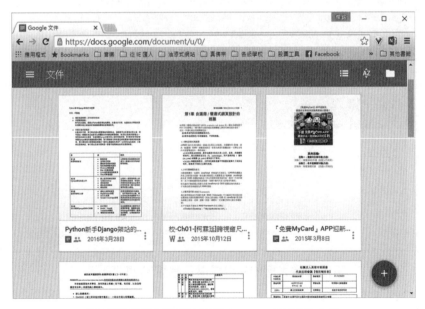

只要瀏覽器就可以開啓Google雲端的文件

**Tips**

　　Google公司所提出的雲端Office軟體概念，稱為Google文件（Google docs），可以讓使用者以免費的方式，透過瀏覽器及雲端運算就可以編輯文件、試算表及簡報。Google文件軟體主要功能有：「Google文件」、「Google試算表」、「Google簡報」、「Google繪圖」。各位也能從任何設有網路連線和標準瀏覽器的電腦，隨時隨地變更和存取文件，也可以邀請其他人一起共同編輯內容。

## 3-3-2 平台即服務（PaaS）

　　「平台即服務」（Platform as a Service, PaaS）是在SaaS之後興起的一種新的架構，也是一種提供資訊人員開發平台的服務模式，主要針對軟體開發者提供完整的雲端開發環，公司的研發人員可以編寫自己的程式碼於PaaS供應商上傳的介面或API服務，提供了簡單易用的開發平台。由於軟體的開發和運行都是基於同樣的平台，讓開發者能用更低的成本、在更短的時間內開發完畢並上線，交由平台供應商協助進行監控和維護管理。

Google App Engine是全方位管理的PaaS平台

### 3-3-3 基礎架構即服務（IaaS）

「基礎架構即服務」（Infrastructure as a Service, IaaS）是由供應商提供使用者運算資源存取，傳統基礎架構經常與舊式核心應用程式有關，以致無法輕易移轉至雲端，藉由基礎架構即服務（IaaS），消費者可以使用「基礎運算資源」，如CPU處理能力、儲存空間、網路元件或仲介軟體，也就是將主機、網路設備租借出去，讓使用者在業務初期可以依據需求租用、不必花大錢建置硬體。例如：Amazon.com透過主機託管和發展環境，提供IaaS的服務項目，例如中華電信的HiCloud即屬於IaaS服務。

中華電信的HiCloud即屬於IaaS服務

# 3-4 雲端運算的部署模式

　　雲端運算依照其服務對象的屬性，大眾、單一組織、多個組織，而發展成4種雲端運算部署模式，分別是公有雲、私有雲、混合雲、社群雲.，越來越多企業投向雲端的懷抱，以求提高敏捷度，並使IT資源密切符合業務需求，即使是規模較小的企業，也可利用雲端運算的好處，取得不輸大企業的龐大運算資源。

## 3-4-1 公用雲（Public Cloud）

　　「公用雲」（Public Cloud）是透過網路及第三方服務供應者，也就是由銷售雲端服務的廠商所成立，提供一般公眾或大型產業集體使用的雲端基礎設施，一般耳熟能詳的雲端運算服務，絕大多數都屬於公有雲的模式，通常公用雲價格較低廉，任何人都能輕易取得運算資源，其中包括許多免費服務。

Microsoft Azure是台灣企業相當喜愛的公有雲

### 3-4-2 私有雲（Private Cloud）

　　「私有雲」（Private Cloud）和公用雲一樣，都能為企業提供彈性的服務，而最大的不同在於私有雲是一種完全為特定組織建構的雲端基礎設施，可以部署在企業組織內，也可部署在企業外。

宏碁推出的私有雲方案相當受到中小企業的歡迎

### 3-4-3 社群雲（Community Cloud）

　　「社群雲」（Community Cloud）是由多個組織共同成立，可以由這些組織或第三方廠商來管理，基於有共同的任務或安全需求的特定社群共享的雲端基礎設施，所有的社群成員共同使用雲端上資料及應用程式。

IBM所提出的智慧社群雲方案

## 3-4-4 混合雲（Hybrid Cloud）

「混合雲」（Hybrid Cloud）結合2個或多個獨立的雲端運算架構（私有雲、社群雲或公有雲），使用者通常將非企業關鍵資訊直接在公用雲上處理，但關鍵資料則以私有雲的方式來處理。

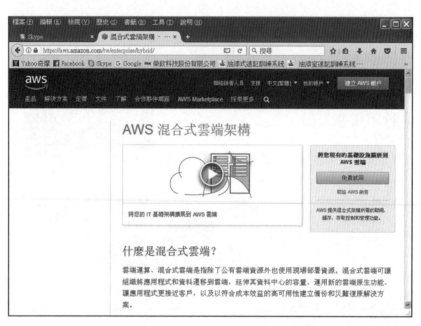

AWS混合式雲端架構

# 3-5 物聯網的原理與應用

　　當人與人之間隨著網路互動而增加時，萬物互聯的時代已經快速降臨，「物聯網」（Internet of Things, IoT）就是近年資訊產業中一個非常熱門的議題，物聯網技術再從疫情中重建產業、經濟和社會，除了能融入一般民眾的生活，也使百業獲得轉型與升級的契機。隨著擁有成熟的技術和蓬勃興旺的生態系統，智慧與個人裝置如智慧型手機、平板電腦與穿戴式裝置不但快速成長，在2021年，全球有超過100億台物聯網裝置，不但已經進入智慧家庭，並有越來越多地項目進入智慧城市領域，可以預見未來連網的裝置數量將遠遠超越地球的人口。台積電董事長張忠謀於2014年時出席台灣半導體產業協會年會（TSIA），就曾經明確指出：「下一

個big thing為物聯網,將是未來五到十年內,成長最快速的產業,要好好掌握住機會。」他認為物聯網是個非常大的構想,很多東西都能與物聯網連結。

國內最具競爭力的台積電公司把物聯網視為未來發展重心

## 3-5-1 認識物聯網

物聯網(IoT)最早的概念是在1999年時由學者Kevin Ashton所提出,顧名思義就是讓物品上網,通過網路去做資訊的讀取與傳遞,是指將網路與物件相互連接,通常用來表示任何連接到網路的設備。然而實際操作上是將各種具裝置感測設備的物品,例如RFID、藍芽4.0環境感測器、全球定位系統(GPS)雷射掃描器等種種裝置與網際網路結合起來而形成的一個巨大網路系統,甚至手上的小小智慧型手機也算是物聯網裝置,能

收購集你的健康相關資料。全球所有的物品都可以透過網路主動交換訊息，越來越多日常物品也會透過網際網路連線到雲端，透過網際網路技術讓各種實體物件、自動化裝置彼此溝通和交換資訊。

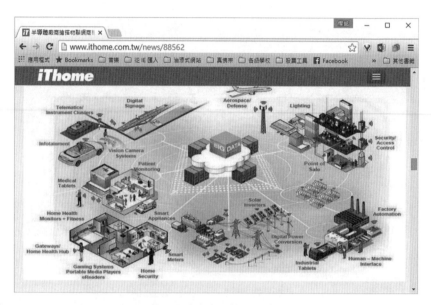

物聯網系統的應用概念圖

圖片來源：www.ithome.com.tw/news/88562

## 3-5-2 物聯網的架構

物聯網設備通常是由嵌入式系統組成，結合了感測器、軟體和其他技術的互連設備，能夠通知使用者或者自動化動作，最終目標是在任何時間、任何地點、任何人與物都可自由互動，物聯網的運作機制實際用途來看，在概念上可分成3層架構，由底層至上層分別為感知層、網路層與應用層，這3層各司其職，同時又息息相關。

■**感知層**：感知層主要是作為識別、感測與控制物聯網末端物體的各種狀態，感測裝置為物聯網底層的基礎元素，對不同的場景進行感知與監

控，主要可分為感測技術與辨識技術，例如**RFID**、**ZigBee**、**藍芽4.0**與**Wi-Fi**等，包括使用各式有線或是無線感測器及如何建構感測網路，然後再透過感測網路將資訊蒐集並傳遞至網路層。

■ **網路層**：則是如何利用現有無線或是有線網路來有效的傳送收集到的數據傳遞至應用層，使物聯網可以同時傳遞與呈現更多異質性的資訊，並將感知層收集到的資料傳輸至雲端，並建構無線通訊網。

■ **應用層**：最後一層應用層則是因應不同的業務需求建置的應用系統，包括結合各種資料分析技術，來回饋並控制感應器或是控制器的調節等，以及子系統重新整合，滿足物聯網與不同行業間的專業進行技術融合，找出每筆資訊的定位與意義，促成物聯網五花八門的應用服務，透過應用層當中集中化的運算資源進行處置，涵蓋的應用領域從環境監測、無線感測網路（Wireless Sensor Network, WSN）、能源管理、醫療照護（Health Care）、家庭控制與自動化與智慧電網（Smart Grid）等。

## 3-5-3 物聯網的應用

　　現代人的生活正逐漸進入一個始終連接（Always Connect）網路的世代，除了資料與數據收集分析外，也可以回饋進行各種控制，這對於未來生活的便利性將有極大的影響，最終的目標則是要打造一個智慧城市。現在的網路科技逐漸延伸到各個生活中的電子產品上，隨著業者端出越來越多的解決方案，物聯網概念將為全球消費市場帶來新衝擊，由於物聯網的應用範圍與牽涉到的軟體、硬體與之間的整合技術層面十分廣泛。在我們生活當中，已經有許多整合物聯網的技術與應用，可以包括如醫療照護、公共安全、環境保護、政府工作、平安家居、空氣汙染監測、土石流監測等領域。

　　物聯網是一個技術革命，由於物聯網的核心和基礎仍然是網際網路，物聯網的功能延伸和擴展到物品與物品之間，進行資訊或資源的交換。根據市場產業研究指出，2021年物聯網全球市場價值2兆美元，物聯

網代表著未來資訊技術在運算與溝通上的演進趨勢，在這個龐大且快速成長的網路在演進的過程中，物件具備與其他物件彼此直接進行交流，無需任何人為操控，物聯網可搜集到更豐富的資料，因此可直接提供了智慧化識別與管理。

「智慧家電」（Information Appliance）是從電腦、通訊、消費性電子產品3C領域匯集而來，也就是電腦與通訊的互相結合，未來將從符合人性智慧化操控，能夠讓智慧家電自主學習，並且結合雲端應用的發展。各位只要在家透過智慧電視就可以上網隨選隨看影視節目，或是登入社交網路即時分享觀看的電視節目和心得。

透過手機就可以遠端搖控家中的智慧家電

圖片來源：http://3c.appledaily.com.tw/article/household/20151117/733918

　　智慧型手機成了促成智慧家電發展的入門監控及遙控裝置，還可以將複雜的多個動作簡化為一個單純的按按鈕、揮手動作，所有家電都會整合在智慧型家庭網路內，可以利用智慧手機App，提供更為個人化的操控，甚至更進一步做到能源管理。例如家用洗衣機也可以直接連上網路，從手機App中進行設定，只要把髒衣服通通丟進洗衣槽，就會自動偵測重量以及材質，協助判斷該用多少注水量、轉速需要多快，甚至用LINE和家電系統連線，馬上就知道現在冰箱庫存，就連人在國外，手機就能隔空遙控家電，輕鬆又省事，家中音響連上網，結合音樂串流平台，即時了解使用者聆聽習慣，推薦適合的音樂及網路行銷廣告。

掃地機器人是目前最夯的智慧家電

### 3-5-4 智慧物聯網（AIoT）

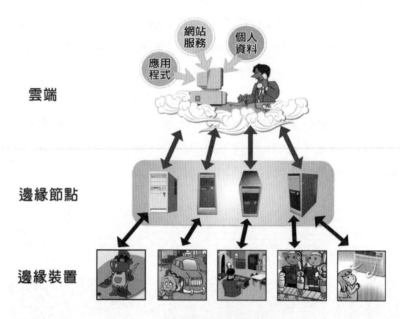

雲端

邊緣節點

邊緣裝置

**智慧物聯網的應用**

現代人的生活正逐漸進入一個「始終連接」（Always Connect）網路的世代，物聯網的快速成長，快速帶動不同產業發展，除了資料與數據收集分析外，也可以為企業精準偵測和計畫庫存、強化即時客戶的體驗，伴隨回饋進行各種控制，創造出前所未有的價值。這對於未來人類生活的便利性將有極大的影響，AI結合物聯網（IoT）的智慧物聯網（AIoT），就好比大腦與感官的關係，將會是現代產業未來最熱門的趨勢，例如目前工業物聯網最為廣泛應用的領域是品質控管，可以使用具備圖像辨識功能的物聯網裝置（AIoT）來判別產品的良率範圍。

智慧無人商店Amazon Go透過IoT裝置自動偵測消費者動向

　　企業導入智慧物聯網（AIoT）之後，最大的效益是可以進行決策最佳化（optimization），例如未來企業可藉由智慧型設備來了解用戶的日常行為，包括輔助消費者進行產品選擇或採購建議等，並將其轉化為真正的客戶商業價值。物聯網的多功能智慧化服務被視為實際驅動電商產業鏈的創新力量，特別是將電商產業發展與消費者生活做了更緊密的結合，因為在物聯網時代，手機、冰箱、桌子、咖啡機、體重計、手錶、冷氣等物體變得「有意識」且善解人意。此外，物聯網在讓城市更智慧的過程也是必不可缺，扮演的角色即是讓城市的每一個角落串聯在一起，最終的目標則是要打造一個智慧城市，未來搭載5G基礎建設與雲端運算技術，更能加速現代產業轉型。

**Tips**

　　從實體商務走到電子商務，新科技繼續影響消費者行為造成的改變，電子商務市場開始轉向以顧客為核心的「智慧商務」（Smarter Commerce）時代，所謂「智慧商務」（Smarter Commerce）就是利用社群網路、行動應用、雲端運算、物聯網與人工智慧等技術，特別是應用領域不斷拓展的AI，誕生與創造許多新的商業模式，透過多元平台的串接，可以更規模化、系統化地與客戶互動，讓企業的商務模式可以帶來更多智慧便利的想像，並且大幅提升電商服務水準與營業價值。

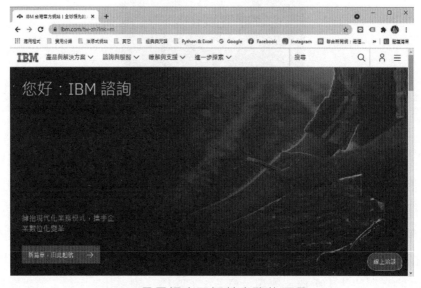

IBM最早提出了智慧商務的願景

　　例如物聯網還可以進行智慧商務應用，智慧場域行銷就是透過定位技術，把人限制在某個場域裡，無論在捷運、餐廳、夜市、商圈、演唱會等場域，都可能收到量身訂做的專屬行銷訊息，舊式大稻埕是台北市第一個

CHAPTER

3

提供智慧場域行銷的老商圈，配合透過布建於店家的Beacon，藉由Beacon收集場域的環境資訊與準確的行銷訊息交換，夠精準有效導引遊客及消費者前往店家，並提供逛商圈顧客更美好消費體驗。

大稻埕是台北市第一個提供智慧場域行銷的老商圈

---

**Tips**

　　Beacon是種低功耗藍牙技術（Bluetooth Low Energy, BLE），藉由室內定位技術應用，可做為物聯網和大數據平台的小型串接裝置，具有主動推播行銷應用特性，比GPS有更精準的微定位功能，是連結店家與消費者的重要環節，只要手機安裝特定App，透過藍芽接收到代碼便可觸發App做出對應動作，可以包括在室內導航、行動支付、百貨導覽、人流分析，及物品追蹤等近接感知應用。隨著支援藍牙4.0 BLE的手機、平板裝置越來越多，利用Beacon的功能，能幫助零售業者做到更深入的行動行銷服務。

### 3-5-5 工業4.0與物聯網

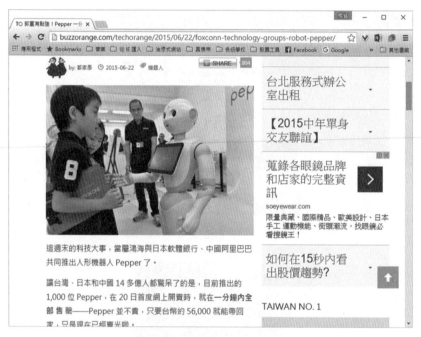

鴻海推出的機器人──Pepper

　　德國政府2011年提出第四次工業革命（又稱「工業4.0」）概念，做為「2020高科技戰略」十大未來計畫之一，工業4.0浪潮牽動全球產業趨勢發展，雖然掀起諸多挑戰卻也帶來不少商機，面對製造業外移、工資上漲的難題，力求推動傳統製造業技術革新，以因應產業變革提升國際競爭力，特別是在傳統製造業已面臨轉型的今日，連製造業也必須接近顧客才能快速滿足客戶需求，如何活化製造生產效能，工業4.0智慧製造已成為刻不容緩的議題。

CHAPTER

3

　　工業4.0將影響未來工廠的樣貌，智慧生產正一步步化為現實，轉變成自動化智能工廠，工業4.0時代是追求產品個性化及人性化的時代，是**以智慧製造來推動產品創新**，並取代傳統的機械和機器一體化產品，主要是利用**智慧化的產業物聯網**大量滿足客戶的個性化需求，因為智慧工廠直接省略銷售及流通環節，產品的整體成本比過去減少近40%，進而從智慧工廠出發，可以垂直的整合企業管理流程、水平的與供應鏈結合，並進階到「大規模訂製」（Mass Production）。

　　當客戶用智慧手機對企業下單後，智慧工廠根據收到的數據將訂製產品交付給消費者時，就能更輕鬆地得到最符合個人風格的專屬產品，電商平台交易優勢和折扣優勢都將不復存在，並享有更低的交易成本，將會取代傳統製造業大量生產的商業模式。

　　工業自動化在製造業已形成一股潮流，電子產業需求急起直追，為了因應全球化人口老齡化、勞動人口萎縮、物料成本上漲、產品與服務生命週期縮短等問題，間接也帶動智慧機器人需求及應用發展。隨著人工智慧快速發展，面對當前機器人發展局勢，未來市場需求將持續成長。隨著機器人功能越來越多，生產線上大量智慧機器人已經是可能的場景。台灣在工業與服務型機器人兩大範疇，都具有不錯的潛力與發展空間。國內知名的世界級代工廠鴻海精密與日本軟體銀行、中國阿里巴巴共同推出全球第一台能辨識人類聲音及臉部表情的人型機器人Pepper，就是認為未來缺工問題嚴重、產品製造日趨精密，並結合三方產業優勢，深耕與擴展全球市場規模。

## 本章習題

1. 請簡述雲端運算。
2. 美國國家標準和技術研究院的雲端運算明確定義了哪三種服務模式？
3. 試簡述「服務導向架構」（Service Oriented Architecture, SOA）。
4. 何謂Web服務描述語言（Web Services Description Language, WSDL）？
5. 請簡述叢集式作業系統的概念。
6. 何謂虛擬化技術？
7. 何謂混合雲（Hybrid Cloud）？
8. 試簡介物聯網（Internet of Things, IoT）。
9. 請簡介智慧商務（Smarter Commerce）。

# 第四章

# 雲端大數據與人工智慧
# 精選課程

　　大數據時代的到來，正在翻轉了現代人們的生活方式，自從2010年開始全球資料量已進入ZB（zettabyte）時代，並且每年以60～70%的速度向上攀升，面對不斷擴張的巨大資料量，正以驚人速度不斷被創造出來的大數據，為各種產業的營運模式帶來新契機，隨著資料爆量成長，讓許多企業把資料從內部部署運作移到雲端。特別是在行動裝置蓬勃發展、全球用戶使用行動裝置的人口數已經開始超越桌機，一支智慧型手機的背後就代表著一份獨一無二的個人數據！例如透過即時蒐集用戶的位置和速度，經過大數據分析Google Map就能快速又準確地提供用戶即時交通資訊。

透過大數據分析就能提供用戶
最佳路線建議

大數據應用相當廣泛，我們的生活中也有許多重要的事需要利用大數據來解決。阿里巴巴創辦人馬雲在德國CeBIT開幕式上如此宣告：「未來的世界，將不再由石油驅動，而是由數據來驅動！」在國內外許多擁有大量顧客資料的企業，例如Facebook、Google、Twitter、Yahoo等科技龍頭企業，都紛紛感受到這股如海嘯般來襲的大數據浪潮。在後疫情時代，雲端運算相關產業與大數據絕對會是成長主流，雲端上的龐大數據資料其實是可以創造出很大的數據經濟，甚至在人工智慧等科技發展上，都必須使用到雲端運算。

# 4-1 大數據簡介

近年來由於社群網站和行動裝置風行，加上萬物互聯的時代無時無刻產生大量的數據，使用者瘋狂透過手機、平板電腦、電腦等，在社交網站上大量分享各種資訊，許多熱門網站擁有的資料量都上看數TB（Tera Bytes，兆位元組），甚至上看PB（Peta Bytes，千兆位元組）或EB（Exabytes，百萬兆位元組）的等級。因此沒有人能夠告訴各位，超過哪一項標準的資料量才叫大數據，如果資料量不大，可以使用電腦及常用的工具軟體慢慢算完，就用不到大數據資料的專業技術，也就是說，只有當資料量巨大且有時效性的要求，較適合應用大數據技術進行相關處理。

---

**Tips**

為了讓各位實際了解大數據資料量到底有多大，我們整理了大數據資料單位如下表，提供給各位作爲參考：

1 Terabyte=1000 Gigabytes=$1000^9$Kilobytes

1 Petabyte=1000 Terabytes=$1000^{12}$Kilobytes

1 Exabyte=1000 Petabytes=$1000^{15}$Kilobytes

1 Zettabyte=1000 Exabytes=$1000^{18}$ Kilobytes

## 4-1-1 大數據的特性

　　由於數據的來源有非常多的途徑，大數據的格式也將會越來越複雜，大數據解決了企業無法處理的非結構化與半結構化資料，優化了組織決策的過程。將數據應用延伸至實體場域最早是前世紀在90年代初，全球零售業的巨頭沃爾瑪（Walmart）超市就選擇把店內的尿布跟啤酒擺在一起，透過帳單分析，找出尿片與啤酒產品間的關聯性，尿布賣得好的店櫃位附近啤酒也意外賣得很好，進而調整櫃位擺設及推出啤酒和尿布共同銷售的促銷手段，成功帶動相關營收成長，開啓了數據資料分析的序幕。

沃爾瑪啤酒和尿布的研究開啓了大數據分析的序幕

---

**Tips**

　　「結構化資料」（Structured data）則是目標明確，有一定規則可循，每筆資料都有固定的欄位與格式，偏向一些日常且有重覆性的工作，例如薪資會計作業、員工出勤記錄、進出貨倉管記錄等。非結構

化資料（Unstructured Data）是指那些目標不明確，不能數量化或定型化的非固定性工作、讓人無從打理起的資料格式，例如社交網路的互動資料、網際網路上的文件、影音圖片、網路搜尋索引、Cookie紀錄、醫學記錄等資料。

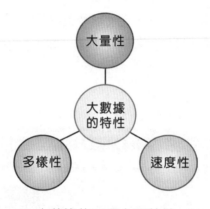

大數據的三項主要特性

　　由於數據的來源有非常多的途徑，大數據的格式也將會越來越複雜，大數據解決了商業智慧無法處理的非結構化與半結構化資料，優化了組織決策的過程。大數據涵蓋的範圍太廣泛，每個人對大數據的定義又各自不同，在維基百科的定義，大數據是指無法使用一般常用軟體在可容忍時間內進行擷取、管理及處理的大量資料，我們可以這麼簡單解釋：大數據其實是巨大資料庫加上處理方法的一個總稱，是一套有助於企業組織大量蒐集、分析各種數據資料的解決方案，並包含以下三種基本特性：

■巨量性（Volume）：現代社會每分每秒都正在生成龐大的數據量，堪稱是以過去的技術無法管理的巨大資料量，資料量的單位可從TB（terabyte，一兆位元組）到PB（petabyte，千兆位元組）。

- **速度性（Velocity）**：隨著使用者每秒都在產生大量的數據回饋，更新速度也非常快，資料的時效性也是另一個重要的課題，技術也能做到即時儲存與處理。我們可以這樣形容：大數據產業應用成功的關鍵在於速度，往往取得資料時，必須在最短時間內反映，立即做出反應修正，才能發揮資料的最大價值，否則將會錯失商機。

- **多樣性（Variety）**：大數據資料的來源包羅萬象，例如存於網頁的文字、影像、網站使用者動態與網路行為、客服中心的通話紀錄，資料來源多元及種類繁多。巨量資料課題真正困難的問題在於分析多樣化的資料，彼此間能進行交互分析與尋找關聯性，包括企業的銷售、庫存資料、網站的使用者動態、客服中心的通話紀錄；社交媒體上的文字影像等企業資料庫難以儲存的「非結構化資料」。

## 4-1-2 資料倉儲

　　大數據的熱浪來襲，企業開始面臨儲存海量數據的問題，特別是企業在今日變動快速又充滿競爭的經營環境中，取得正確的資料是相當重要的，隨著企業中累積相關資料量的大增，如果沒有適當的管理模式，將會造成資料大量氾濫。許多企業為了有效的管理運用這些資訊，紛紛建立「資料倉儲」（Data Warehouse）模式來收集資訊以支援管理決策。

　　資料倉儲於1990年由資料倉儲Bill Inmon首次提出，是以分析與查詢為目的所建置的系統，這種系統能整合及運用資料，協助與提供決策者有用的相關情報。建置資料倉儲的目的是希望整合企業的內部資料，並綜合各種外部資料，經由適當的安排來建立一個資料儲存庫，使作業性的資料能夠以現有的格式進行分析處理，讓企業的管理者能有系統的組織已收集的資料。

　　資料倉儲對於企業而言，是一種整合性資料的儲存體，能夠適當的組合及管理不同來源的資料的技術，兼具效率與彈性的資訊提供管道。資料倉儲與一般資料庫雖然都可以存放資料，但是儲存架構有所不同，雖然大

數據和資料倉儲的都是存儲大量的數據（巨量資料），傳統上資料倉儲以
「資料集中儲存」為概念，不過在雲端大數據時代則強調「分散運用」，
必須有能力處理和存儲鬆散的非結構化數據面對資料科學運用的壓力，兩
者的整合或交叉運用，勢必不可避免。

　　例如企業或店家建立顧客忠誠度必須先建立長期的顧客關係，而維
繫顧客關係的方法即是要建置一個顧客資料倉儲，是作為支援決策服務的
分析型資料庫，運用大量平行處理技術，將來自不同系統來源的營運資料
作適當的組合彙總分析，通常可使用「線上分析處理技術」（OLAP）建
立「多維資料庫」（Multi Dimensional Database），這有點像試算表的方
式，整合各種資料類型，日後可以設法從大量歷史資料中統計、挖掘出有
價值的資訊，能夠有效的管理及組織資料，進而幫助決策的建立。

---

**Tips**

　　「線上分析處理」（Online Analytical Processing, OLAP）可被視
為是多維度資料分析工具的集合，使用者在線上即能完成的關聯性或
多維度的資料庫（例如資料倉儲）的資料分析作業並能即時快速地提
供整合性決策，主要是提供整合資訊，以做為決策支援為主要目的。

---

## 4-1-3 資料探勘

　　每個人的生活裡，都充斥著各式各樣的數據，從生日、性別、學
歷、經歷、居住地等基本資料，再到薪資收入、帳單、消費收據、有興
趣的品牌等，這些數據堆積如山，就像一座等待開墾的金礦。資料探勘
（Data Mining）就是一種資料分析技術，也稱為資料探礦，可視為資料
庫中知識發掘的一種工具，資料必須經過處理、分析及開發才會成為最終
有價值的產品，簡單來說，資料探勘像是一種在大數據中挖掘金礦的相關

技術。

在數位化時代裡，氾濫的大量資料卻未必馬上有用，資料若沒有經過妥善的「加工處理」和「萃取分析」，本身的價值是尚未被開發與決定的，資料探勘可以從一個大型資料庫所儲存的資料中萃取出隱藏於其中的有著特殊關聯性（association rule learning）的資訊的過程，主要利用自動化或半自動化的方法，從大量的資料中探勘、分析發掘出有意義的模型以及規則，是將資料轉化為知識的過程，也就是從一個大型資料庫所儲存的大量資料中萃取出用的知識，資料探勘技術係廣泛應用於各行各業中，現代商業及科學領域都有許多相關的應用，最終的目的是從資料中挖掘出你想要的或者意外收穫的資訊。

例如資料探勘是整個CRM系統的核心，可以分析來自資料倉儲內所收集的顧客行為資料，資料探勘技術常會搭配其他工具使用，例如利用統計、人工智慧或其他分析技術，嘗試在現有資料庫的大量資料中進行更深層分析，發掘出隱藏在龐大資料中的可用資訊，找出消費者行為模式，並且利用這些模式進行區隔市場之行銷。

**Tips**

「顧客關係管理」（Customer Relationship Management, CRM）的定義是指企業運用完整的資源，以客戶為中心的目標，讓企業具備更完善的客戶交流能力，透過所有管道與顧客互動，並提供優質服務給顧客，CRM不僅僅是一個概念，更是一種以客戶為導向的營運策略。

　　國內外許多的研究都存在著許許多多資料探勘成功的案例，例如零售業者可以更快速有效的決定進貨量或庫存量。資料倉儲與資料探勘的共同結合可幫助建立決策支援系統，以便快速有效的從大量資料中，分析出有價值的資訊，幫助建構商業智慧與決策制定。

---

**Tips**

　　「商業智慧」（Business Intelligence, BI）是企業決策者決策的重要依據，屬於資料管理技術的一個領域。BI一詞最早是在1989年由美國加特那（Gartner Group）分析師Howard Dresner提出，主要是利用「線上分析工具」（如OLAP）與「資料探勘」（Data Mining）技術來淬取、整合及分析企業內部與外部各資訊系統的資料資料，將各個獨立系統的資訊可以緊密整合在同一套分析平台，並進而轉化為有效的知識。

---

## 4-1-4 大數據的應用

　　大數據現在不只是資料處理工具，更是一種企業思維和商業模式。大數據揭示的是一種「資料經濟」的精神，就以目前相當流行的Facebook為例，為了記錄每一位好友的資料、動態消息、按讚、打卡、分享、狀態及新增圖片，因為Facebook的使用者人數眾多，要取得這些資料必須藉助各種不同的大數據技術，接著Facebook才能利用這些取得的資料去分析每個人的喜好，再投放他感興趣的廣告或粉絲團或朋友。

Facebook背後包含了巨量資訊量的處理技術

　　國內外許多擁有大量顧客資料的企業，都紛紛感受到這股如海嘯般來襲的大數據浪潮，這些大數據中遍地是黃金，不少企業更是從中嗅到了商機。大數據分析技術是一套有助於企業組織大量蒐集、分析各種數據資料的解決方案。大數據相關的應用，不完全只有那些基因演算、國防軍事、海嘯預測等資料量龐大才需要使用大數據技術，甚至橫跨電子商務、決策系統、廣告行銷、醫療輔助或金融交易等，都有機會使用大數據相關技術。

　　我們就以醫療應用為例，能夠在幾分鐘內就可以解碼整個DNA，並且讓我們製定出最新的治療方案，為了避免醫生的疏失，美國醫療機構與IBM推出IBM Watson醫生診斷輔助系統，會從大數據分析的角度，幫助醫生列出更多的病徵選項，大幅提升疾病診癒率，甚至能幫助衛星導航系

統建構完備即時的交通資料庫。即便是目前喊得震天嘎響的全通路零售，真正核心價值還是建立在大數據資料驅動決策上。

IBM Waston透過大數據實踐了精準醫療的成果

　　阿里巴巴創辦人馬雲在德國CeBIT開幕式上如此宣告：「未來的世界，將不再由石油驅動，而是由數據來驅動！」隨著電子商務、社群媒體、雲端運算及智慧型手機構成的資料經濟時代，近年來不但帶動消費方式的巨幅改變，更為大數據帶來龐大的應用願景。

星巴克咖啡利用大數據將顧客進行分級，找出最有價值的顧客

　　在國內外許多擁有大量顧客資料的企業，都紛紛感受到這股如海嘯般來襲的大數據浪潮，這些大數據中遍地是黃金，不少企業更是從中嗅到了商機。大數據分析技術是一套有助於企業組織大量蒐集、分析各種數據資料的解決方案。大數據相關的應用，不完全只有那些基因演算、國防軍事、海嘯預測等資料量龐大才需要使用大數據技術，甚至橫跨電子商務、決策系統、廣告行銷、醫療輔助或金融交易等，都有機會使用大數據相關技術。

大數據是協助New Balance精確掌握消費者行為的最佳工具

　　如果各位曾經有在Amazon購物的經驗，一開始就會看到一些沒來由的推薦，因為Amazon商城會根據客戶瀏覽的商品，從已建構的大數據庫中整理出曾經瀏覽該商品的所有人，然後會給這位新客戶一份建議清單，建議清單中會列出曾瀏覽這項商品的人也會同時瀏覽過哪些商品。由這份建議清單，新客戶可以快速作出購買的決定，讓他們與顧客之間的關係更加緊密，而這種大數據技術也確實為Amazon商城帶來更大量的商機與利潤。

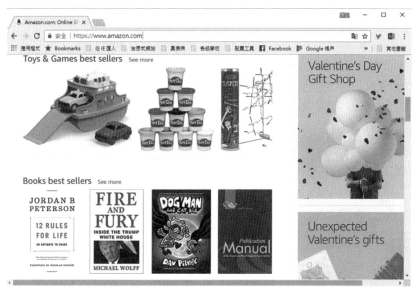

Amazon應用大數據提供更優質的個人化購物體驗

大數據除了網路行銷領域的應用外，我們的生活中是不是有許多重要的事需要利用Big Data來解決呢？就以醫療應用爲例，爲了避免醫生的疏失，美國醫療機構與IBM推出IBM Watson醫生診斷輔助系統，首先醫生會對病人問幾個病徵問題，可是Watson醫生診斷輔助系統會跟從巨量數據分析的角度，幫醫生列出更多的病徵選項，以降低醫生疏忽的機會。

智慧型手機興起更加快大數據的高速發展，更爲大數據帶來龐大的應用願景。例如國內最大的美食社群平台「愛評網」（iPeen），擁有超過10萬家的餐飲店家，每月使用人數高達216萬人，致力於集結全台灣的美食，形成一個線上資料庫，愛評網已經著手在大數據分析的部署策略，並結合LBS和「愛評美食通」App來完整收集消費者行爲，並且對銷售資訊進行更深層的詳細分析，讓消費者和店家有更緊密的互動關係。

國內最大的美食社群平台「愛評網」（iPeen）

## 4-1-5 大數據相關技術 ── Hadoop與Spark

　　大數據是目前相當具有研究價值的未來議題，也是一國競爭力的象徵。大數據資料涉及的技術層面很廣，它所談的重點不僅限於資料的分析，還必須包括資料的儲存與備份，並必須將取得的資料進行有效的處理，否則就無法利用這些資料進行社群網路行為作分析，也無法提供廠商作為客戶分析。身處大數據時代，隨著資料不斷增長，使得大型網路公司的用戶數量，呈現爆炸性成長，企業對資料分析和存儲能力的需求必然大幅上升，這些知名網路技術公司紛紛投入大數據技術，使得大數據成為頂尖技術的指標，瞬間成了搶手的當紅炸子雞。

■ Hadoop

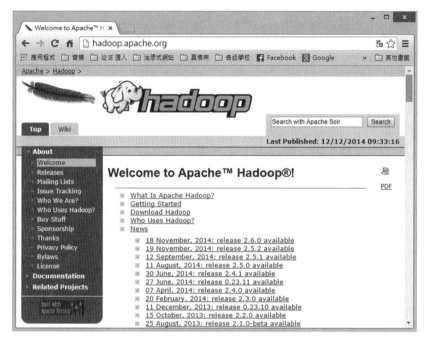

Hadoop技術的官網

　　隨著分析技術不斷的進步，許多電商、網路行銷、零售業、半導體產業也開始使用大數據分析工具，現在只要提到大數據就絕對不能漏掉關鍵技術Hadoop技術，主要因為傳統的檔案系統無法負荷網際網路快速爆炸成長的大量數據。Hadoop是源自Apache軟體基金會（Apache Software Foundation）底下的開放原始碼計畫（Open source project），為了因應雲端運算與大數據發展所開發出來的技術，使用Java撰寫並免費開放原始碼，用來儲存、處理、分析大數據的技術，兼具低成本、靈活擴展性、程式部署快速和容錯能力等特點，為企業帶來了新的資料存儲和處理方式，同時能有效地分散系統的負荷，讓企業可以快速儲存大量結構化或非結構化資料的資料。基於Hadoop處理大數據資料的種種優勢，例如Facebook、Google、Twitter、Yahoo等科技龍頭企業，都選擇Hadoop技術來處理自家內部大量資料的分析，連全球最大連鎖超市業者Wal-Mart與跨國性拍賣網站eBay都是採用Hadoop來分析顧客搜尋商品的行為，並發掘出更多的商機。

■ Spark

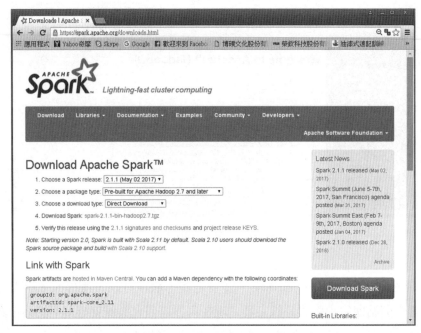

Spark官網提供軟體下載及許多相關資源

快速竄紅的Apache Spark是由加州大學柏克萊分校的AMPLab所開發，是目前大數據領域最受矚目的開放原始碼（BSD授權條款）計畫，Spark相當容易上手使用，可以快速建置演算法及大數據資料模型，目前許多企業也轉而採用Spark做為更進階的分析工具，也是目前相當看好的新一代大數據串流運算平台。由於Hadoop的MapReduce計算平台獲得了

廣泛採用，不過還是有許多可以改進的地方。由於Spark是一套和Hadoop相容的解決方案，使用了「記憶體內運算技術（In-Memory Computing）」，大量減少了資料的移動，能夠讓原本使用Hadoop來處理及分析資料的系統快上100倍，繼承了Hadoop MapReduce的優點，但是Spark提供的功能更爲完整，可以更有效地支持多種類型的計算。IBM將Spark視爲未來主流大數據分析技術，不但因爲Spark會比MapReduce快上很多，更提供了彈性「分布式文件管理系統」（resilient distributed datasets, RDDs），可以駐留在記憶體中，然後直接讀取記憶體中的數據。

# 4-2 從大數據到人工智慧

Amazon推出的智慧無人商店Amazon Go

　　大數據議題越來越火熱的時代背景下，要發揮資料價值，不能光談大數據，AI之所以能快速發展所取得的大部分成就都和大數據密切相關。因為AI下一個真正重要的命題，仍然離不開數據！大數據就像AI的養分，是絕對不該忽略，誰掌握了大數據，未來AI的半邊天就手到擒來。「人工智慧」（Artificial Intelligence, AI）是當前資訊科學上範圍涵蓋最廣、討論最受注目的一個主題，舉凡模擬人類的聽、說、讀、寫、看、動作等的電腦技術，都被歸類為人工智慧的可能範圍。

## 4-2-1 人工智慧的定義

　　人工智慧的概念最早是由美國科學家John McCarthy於1955年提出，目標為使電腦具有類似人類學習解決複雜問題與展現思考等能力，舉凡模擬人類的聽、說、讀、寫、看、動作等的電腦技術，都被歸類為人工智慧的可能範圍。簡單地說，人工智慧就是由電腦所模擬或執行，具有類似人類智慧或思考的行為，例如推理、規劃、問題解決及學習等能力。

　　微軟亞洲研究院曾經指出：「未來的電腦必須能夠看、聽、學，並能使用自然語言與人類進行交流。」人工智慧的原理是認定智慧源自於人類理性反應的過程而非結果，即是來自於以經驗為基礎的推理步驟，那麼可以把經驗當作電腦執行推理的規則或事實，並使用電腦可以接受與處理的型式來表達，這樣電腦也可以發展與進行一些近似人類思考模式的推理流程。

特斯拉公司積極開發自駕車人工智慧系統

　　近幾年人工智慧的應用領域越來越廣泛，主要原因之一就是圖形處理器（Graphics Processing Unit, GPU）與雲端運算等關鍵技術愈趨成熟與普及，使得平行運算的速度更快且成本更低廉，我們也因人工智慧而享用許多個人化的服務、生活變得也更為便利。GPU可說是近年來科學計算領域的最大變革，是指以圖形處理單元（GPU）搭配CPU的微處理器，GPU則含有數千個小型且更高效率的CPU，不但能有效處理平行處理（Parallel Processing），還可以達到高效能運算（High Performance Computing, HPC）能力，藉以加速科學、分析、遊戲、消費和人工智慧應用。

> **Tips**
>
> 　　「平行處理」（Parallel Processing）技術是同時使用多個處理器來執行單一程式，藉以縮短運算時間。其過程會將資料以各種方式交給每一顆處理器，爲了實現在多核心處理器上程式性能的提升，還必須將應用程式分成多個執行緒來執行。
>
> 　　「高效能運算」（High Performance Computing, HPC）能力則是透過應用程式平行化機制，就是在短時間內完成複雜、大量運算工作，專門用來解決耗用大量運算資源的問題。

　　AI的應用領域不僅展現在機器人、物聯網、自駕車、智能服務等，更與行銷產業息息相關。根據美國最新研究機構的報告，2025年AI更會在行銷和銷售自動化方面，取得更人性化的表現，有50%的消費者希望在日常生活中使用AI和語音技術。例如目前許多企業和粉專都在使用Facebook Messenger聊天機器人（Chatbot），這是一個可以協助粉絲專頁更簡單省力做好線上客服的自動化行銷工具，不但能夠即時在線上回覆客戶的疑問、引導訪客進行問答或購買、蒐集問卷與回饋，而且聊天機器人被使用得越多，它就有更多的學習資料庫，就能呈現更好的應答服務。

Chatisfy官方網站，按此立即免費試用

Facebook Messenger聊天機器人是很好的AI行銷工具

## 4-2-2 機器學習

　　自古以來，人們總是持續不斷地創造工具與機器來簡化工作，減少完成各種不同工作所需的整體勞力與成本，現代大數據的海量學習資料帶來了AI的蓬勃發展，我們知道AI最大的優勢在於「化繁爲簡」，將複雜的大數據加以解析，AI改變產業的能力已經是相當清楚，而且可以應用的範圍相當廣泛。「機器學習」（Machine Learning, ML）：是大數據與人工智慧發展相當重要的一環，機器通過演算法來分析數據、在大數據中找到規則，機器學習是大數據發展的下一個進程，給予電腦大量的「**訓練資料（Training Data）**」，可以發掘多資料元變動因素之間的關聯性，進而自動學習並且做出預測，充分利用大數據和演算法來訓練機器，機器再從中找出規律，學習如何將資料分類。各位應該都有在YouTube觀看影片的經驗，YouTube致力於提供使用者個人化的服務體驗，包括改善電腦及行動網頁的內容，近年來更導入了機器學習技術，來打造YouTube影片推薦系統，特別是Youtube平台加入了不少個人化變項，過濾出觀賞者可能感興趣的影片，並顯示在「推薦影片」中。

YouTube透過TensorFlow技術過濾出受眾感興趣的影片

### 4-2-3 深度學習

「深度學習」（Deep Learning, DL）算是AI的一個分支，也可以看成是具有層次性的機器學習法，源自於「類神經網路」（Artificial Neural Network）模型，並且結合了神經網路架構與大量的運算資源，目的在於讓機器建立與模擬人腦進行學習的神經網路，以解釋大數據中圖像、聲音和文字等多元資料。例如隨著行銷接觸點的增加，店家與品牌除了致力於用用網路行銷來吸引購物者，同時也在探索新的方法，以即時收集資料並提供量身打造的商品建議，同步增加對客戶的理解，並持續學習描繪出該客戶的消費行為樣貌。深度學習不但能解讀消費者及群體行為的的歷史資料與動態改變，更可能預測消費者的潛在慾望與突發情況，能應對未知的情況，設法激發消費者的購物潛能，獨立找出分眾消費的數據，進而提供高相連度的未來購物可能推薦與更好的用戶體驗。

---

**Tips**

「類神經網路」就是模仿生物神經網路的數學模式，取材於人類大腦結構，使用大量簡單而相連的人工神經元（Neuron）來模擬生物神經細胞受特定程度刺激來反應刺激架構為基礎的研究，這些神經元將基於預先被賦予的權重，各自執行不同任務，只要訓練的歷程越扎實，這個被電腦系所預測的最終結果，接近事實真相的機率就會越大。

---

最為人津津樂道的深度學習應用，當屬Google Deepmind開發的AI圍棋程式AlphaGo接連大敗歐洲和南韓圍棋棋王，AlphaGo的設計是大量的棋譜資料輸入，還有精巧的深度神經網路設計，透過深度學習掌握更抽象的概念，讓AlphaGo學習下圍棋的方法，接著就能判斷棋盤上的各種狀況，後來創下連勝60局的佳績，並且不斷反覆跟自己比賽來調整神經網路

CHAPTER

4

AlphaGo接連大敗歐洲和南韓圍棋棋王

# 本章習題

1. 請簡述大數據（又稱大資料、大數據、海量資料，big data）及其特性。

2. 請簡介Hadoop。

3. 請簡介Spark。

4. 什麼是類神經網路（Artificial Neural Network）？

5. 請簡述平行處理（Parallel Processing）與高效能運算（High Performance Computing, HPC）。

6. 請簡述機器學習（Machine Learning, ML）。

7. 請簡述人工智慧（Artificial Intelligence, AI）。

# 第五章

# 雲端與網路資訊安全議題

　　隨著網路的盛行，除了帶給人們許多的方便外，也帶來許多安全上的問題，例如駭客、電腦病毒、網路竊聽、隱私權困擾等。當我們可以輕易取得外界資訊的同時，相對地外界也可能進入電腦與網路系統中，原因就在於雲端服務的易用性、靈活彈性與可輕易調整組態，如何防範網路遭到未經授權的存取並避免資料外洩等問題。在這種門戶大開的情形下，對於商業機密或個人隱私的安全性，都將岌岌可危。網路資訊安全與是雲端運算的重要議題，雲端時代的崛起對硬體與資訊安全產業的衝擊最為直接，特別是雲端運算的風險取決於每個雲端部署策略本身，因此如何在雲端資訊運用安全的課題上繼續努力與改善，將是本章討論的重點。

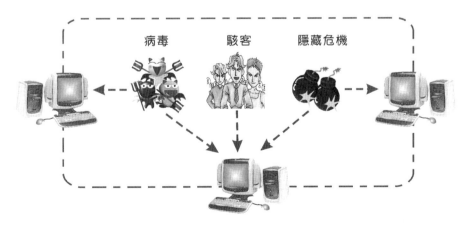

網路安全是雲端時代的重要課題

# 5-1 漫談資訊安全

在尚未進入正題，討論雲端網路安全的課題之前，我們先來對資訊安全有個基本認識。資訊安全的基本功能就是在達到資料被保護的三種特性：機密性（Confidentiality）、完整性（Integrity）、可用性（Availability），進而達到如不可否認性（Non-repudiation）、身分認證（Authentication）與存取權限控制（Authority）等安全性目的。

從廣義的角度來看，資訊安全所涉及的影響範圍包含軟體與硬體層面談起，共可區分為四類，分述如下：

| 影響種類 | 說明與注意事項 |
|---|---|
| 天然災害 | 電擊、淹水、火災等天然侵害 |
| 人為疏失 | 人為操作不當與疏忽 |
| 機件故障 | 硬體故障或儲存媒體損壞，導致資料流失 |
| 惡意破壞 | 泛指有心人士入侵電腦，例如駭客攻擊、電腦病毒與網路竊聽等 |

資訊安全所討論的項目，可以從四個角度來討論，說明如下：

1. 實體安全：硬體建築物與週遭環境的安全與管制。例如對網路線路或電源線路的適當維護。
2. 資料安全：確保資料的完整性與私密性，並預防非法入侵者的破壞，例如不定期做硬碟中的資料備份動作與存取控制。例如透過雲端防護是保護雲端上所有資料及服務使它們免於駭客攻擊或入侵。
3. 程式安全：維護軟體開發的效能、品管、除錯與合法性。例如提升程式寫作品質。
4. 系統安全：維護電腦與網路的正常運作，例如對使用者宣導及教育訓練。

資訊安全涵蓋的四大項目

　　國際標準制定機構英國標準協會（BSI），於1995年提出BS 7799資訊安全管理系統，最新的一次修訂已於2005年完成，並經國際標準化組織（ISO）正式通過成為ISO 27001資訊安全管理系統要求標準，為目前國際公認最完整之資訊安全管理標準，可以幫助企業與機構在高度網路化的開放服務環境鑑別、管理和減少資訊所面臨的各種風險。

## · 網路安全的定義

　　網路使用已成為我們日常生活的一部分，使用公共電腦上網的機率也越趨頻繁，個人重要資料也因此籠罩在外洩的疑慮之下。從廣義的角度來看，網路安全所涉及的範圍包含軟體與硬體兩種層面，例如網路線的損壞、資料加密技術的問題、伺服器病毒感染與傳送資料的完整性等。而如果從更實務面的角度來看，那麼網路安全所涵蓋的範圍，就包括了駭客問題、隱私權侵犯、網路交易安全、網路詐欺與電腦病毒等問題。

　　對於網路安全而言,很難有一個十分嚴謹而明確的定義或標準。例如就個人使用者來說,可能只是代表在網際網路上瀏覽時,個人資料或自己的電腦不被竊取或破壞。不過對於企業組織而言,可能就代表著進行電子交易時的安全考量、系統正常運作與不法駭客的入侵等。

# 5-2 常見雲端犯罪模式

　　雖然網路帶來了相當大的便利,但相對地也提供了一個可能或製造犯罪的管道與環境。而且現在利用電腦網路犯罪的模式,遠比早期的電腦病毒來得複雜,且造成的傷害也更為深遠與廣泛。例如網際網路架構協會（nternet Architecture Board, IAB）,負責於網際網路間的行政和技術事務監督與網路標準和長期發展,並將以下網路行為視為不道德:

1. 在未經任何授權情況下,故意竊用網路資源。
2. 干擾正常的網際網路使用。
3. 以不嚴謹的態度在網路上進行實驗。
4. 侵犯別人的隱私權。
5. 故意浪費網路上的人力、運算與頻寬等資源。
6. 破壞電腦資訊的完整性。

　　以下我們將開始為各位介紹破壞網路安全的常見模式,讓各位在安全防護上有更深入的認識。

CHAPTER

5

## 5-2-1 駭客攻擊

駭客藉由Internet隨時可能入侵電腦系統

　　只要是經常上網的人，一定都經常聽到某某網站遭駭客入侵或攻擊，也因此駭客便成了所有人害怕又討厭的對象，不僅攻擊大型的社群網站和企業，還會使用各種方法破壞和用戶的連網裝置。駭客在開始攻擊之前，必須先能夠存取用戶的電腦，其中一個最常見的方法就是使用名為「特洛伊式木馬」的程式。

　　駭客在使用木馬程式之前，必須先將其植入用戶的電腦，此種病毒模式多半是E-mail的附件檔，或者利用一些新聞與時事消息發表吸引人的貼文，使用者一旦點擊連結按讚，可能立即遭受感染，或者利用聊天訊息散播惡意軟體，趁機竊取用戶電腦內的個人資訊，甚至駭客會利用社交工程陷阱（Social Engineering），假造的臉書按讚功能，導致帳號被植入木馬程式，讓駭客盜臉書帳號來假冒員工，然後連進企業或店家的資料庫中竊取有價值的商業機密。

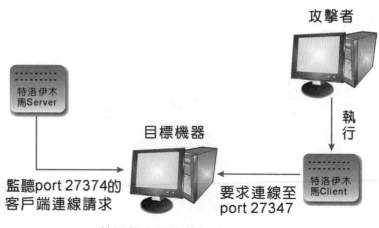

特洛伊木馬的執行方式示意圖

---

**Tips**

　　「社交工程陷阱」（social engineering）是利用大眾的疏於防範的資訊安全攻擊方式，例如利用電子郵件誘騙使用者開啟檔案、圖片、工具軟體等，從合法用戶中套取用戶系統的祕密，例如用戶名單、用戶密碼、身分證號碼或其他機密資料等。

---

## 5-2-2 網路竊聽

　　由於在「分封交換網路」（Packet Switch）上，當封包從一個網路傳遞到另一個網路時，在所建立的網路連線路徑中，包含了私人網路區段（例如使用者電話線路、網站伺服器所在區域網路等）及公眾網路區段（例如ISP網路及所有Internet中的站台）。

　　而資料在這些網路區段中進行傳輸時，大部分都是採取廣播方式來進行，因此有心竊聽者不但可能擷取網路上的封包進行分析（這類竊取程式稱為Sniffer），也可以直接在網路閘道口的路由器設個竊聽程式，來尋找例如IP位址、帳號、密碼、信用卡卡號等私密性質的內容，並利用這些進

行系統的破壞或取得不法利益。

## 5-2-3 網路釣魚

　　Phishing一詞其實是「Fishing」和「Phone」的組合，中文稱爲「網路釣魚」，網路釣魚的目的就在於竊取消費者或公司的認證資料，而網路釣魚透過不同的技術持續竊取使用者資料，已成爲網路交易上重大的威脅。網路釣魚主要是取得受害者帳號的存取權限，或是記錄您的個人資料，輕者導致個人資料外洩，侵範資訊隱私權，重則危及財務損失，最常見的伎倆有兩種：

- ■ 利用僞造電子郵件與網站作爲「誘餌」，輕則讓受害者不自覺洩漏私人資料，成爲垃圾郵件業者的名單，重則電腦可能會被植入病毒（如木馬程式），造成系統毀損或重要資訊被竊，例如駭客以社群網站的名義寄發帳號更新通知信，誘使收件人點擊E-mail中的惡意連結或釣魚網站。
- ■ 修改網頁程式，更改瀏覽器網址列所顯示的網址，當使用者認定正在存取眞實網站時，即使你在瀏覽器網址列輸入正確的網址，還是會輕易移花接木般轉接到僞造網站上，或者利用一些熱門粉專內的廣告來感染使用者，向您索取個人資訊，意圖侵入您的社群帳號，因此很難被使用者

所查覺。

　　社群網站日益盛行，網路釣客也會趁機入侵，消費者對於任何要求輸入個人資料的網站要加倍小心，跟電子郵件相比，人們在使用社群媒體時比較不會保持警覺，例如有些社群提供的性向測驗可能就是網路釣魚（Phishing）的掩護，甚至假裝臉書官方網站，要你輸入帳號密碼及個人資訊。

> **Tips**
>
> 　　「跨網站腳本攻擊」（Cross-Site Scripting, XSS）是當網站讀取時，執行攻擊者提供的程式碼，例如製造一個惡意的URL連結（該網站本身具有XSS弱點），當使用者端的瀏覽器執行時，可用來竊取用戶的cookie，或者後門開啟或是密碼與個人資料之竊取，甚至於冒用使用者的身分。

## 5-2-4 盜用密碼

設定密碼時必須非常小心

　　有些較粗心的網友往往會將帳號或密碼設定成類似的代號，或者以生日、身分證字號、有意義的英文單字等容易記憶的字串，來做為登入社群系統的驗證密碼，因此盜用密碼也是網路社群入侵者常用的手段之一。因此入侵者就抓住了這個人性心理上的弱點，透過一些密碼破解工具，即可成功地將密碼破解，入侵使用者帳號最常用的方式是使用「暴力式密碼猜測工具」並搭配字典檔，在不斷地重複嘗試與組合下，一次可以猜測上百萬次甚至上億次的密碼組合，很快得就能夠找出正確的帳號與密碼，當駭客取得社群網站使用者的帳號密碼後，就等於取得此帳號的內容控制權，可將假造的電子郵件，大量發送至該帳號的社群朋友信箱中。

　　例如臉書在2016年時修補了一個重大的安全漏洞，因為駭客利用該程式漏洞竊取「存取權杖」（access tokens），然後透過暴力破解臉書用戶的密碼，因此當各位在設定密碼時，密碼就需要更高的強度才能抵抗，除了用戶的帳號安全可使用雙重認證機制，確保認證的安全性，建議各位依照下列幾項基本原則來建立密碼：

1. 密碼長度儘量大於8～12位數。
2. 最好能**英文+數字+符號**混合，以增加破解時的難度。
3. 為了要確保密碼不容易被破解，最好還能在每個不同的社群網站使用不同的密碼，並且定期進行更換。
4. 密碼不要與帳號相同，並養成定期改密碼習慣，如果發覺帳號有異常登出的狀況，可立即更新密碼，確保帳號不被駭客奪取。
5. 儘量避免使用有意義的英文單字做為密碼。

---

**Tips**

　　「點擊欺騙」（click fraud）是發布者或者他的同伴對PPC（pay by per click，每次點擊付錢）的線上廣告進行惡意點擊，因而得到相關廣告費用。

## 5-2-5 服務拒絕攻擊（DoS）與殭屍網路

　　「服務拒絕」（Denial of Service, DoS）攻擊方式是利用送出許多需求去轟炸一個網路系統，讓系統癱瘓或不能回應服務需求。DoS阻斷攻擊是單憑一方的力量對ISP的攻擊之一，如果被攻擊者的網路頻寬小於攻擊者，DoS攻擊往往可在兩三分鐘內見效。但如果攻擊的是頻寬比攻擊者還大的網站，那就有如以每秒10公升的水量注入水池，但水池裡的水卻以每秒30公升的速度流失，不管再怎麼攻擊都無法成功。例如駭客使用大量的垃圾封包塞滿ISP的可用頻寬，進而讓ISP的客戶將無法傳送或接收資料、電子郵件、瀏覽網頁和其他網際網路服務。

　　「殭屍網路」（botnet）的攻擊方式就是利用一群在網路上受到控制的電腦轉送垃圾郵件，被感染的個人電腦就會被當成執行DoS攻擊的工具，不但會攻擊其他電腦，一遇到有漏洞的電腦主機，就藏身於任何一個程式裡，伺時展開攻擊、侵害，而使用者卻渾然不知。後來又發展出DDoS（Distributed DoS）分散式阻斷攻擊，受感染的電腦就會像傀殭屍一般任人擺布執行各種惡意行為。這種攻擊方式是由許多不同來源的攻擊端，共同協調合作於同一時間對特定目標展開的攻擊方式，與傳統的DoS阻斷攻擊相比較，效果可說是更為驚人。過去就曾發生殭屍網路的管理者可以透過Twitter帳號下命令來加以控制病毒來感染廣大用戶的帳號。

## 5-2-6 電腦病毒

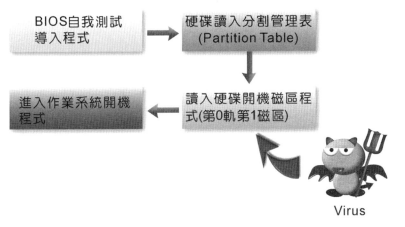

開機型病毒會在作業系統載入前先行進入記憶體

　　「電腦病毒」（Computer Virrus）就是一種具有對電腦內部應用程式或作業系統造成傷害的程式；它可能會不斷複製自身的程式或破壞系統內部的資料，例如刪除資料檔案、移除程式或摧毀在硬碟中發現的任何東西。不過並非所有的病毒都會造成損壞，有些只是顯示令人討厭的訊息。例如電腦速度突然變慢，甚至經常莫名其妙的當機，或者螢幕上突然顯示亂碼，出現一些古怪的畫面與撥放奇怪的音樂聲。

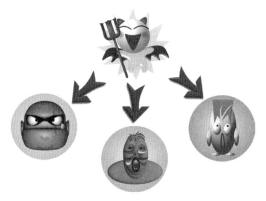

有如面具怪客的千面人病毒

　　早期的病毒傳染途徑，通常是透過一些來路不明的磁片傳遞。不過由於網路的快速普及與發展，電腦病毒可以很輕易地透過網路連線來侵入使用者的電腦。如何判斷您的電腦感染病毒呢？如果您的電腦出現以下症狀，可能就是不幸感染電腦病毒：

病毒會在某個時間點發作與從事破壞行為

| | |
|---|---|
| 1 | 電腦速度突然變慢、停止回應、每隔幾分鐘重新啓動，甚至經常莫名其妙的當機。 |
| 2 | 螢幕上突然顯示亂碼，或出現一些古怪的畫面與撥放奇怪的音樂聲。 |
| 3 | 資料檔無故消失或破壞，或者按下電源按鈕後，發現整個螢幕呈現一片空白。 |
| 4 | 檔案的長度、日期異常或I/O動作改變等。 |
| 5 | 出現一些警告文字，告訴使用者即將格式化你的電腦，嚴重的還會將硬碟資料給殺掉或破壞掉整個硬碟。 |

　　目前來說，並沒有百分之百可以防堵電腦病毒的方法，爲了防止受到病毒的侵害，最有效的方式還是安裝防毒軟體，主要功用就是檢察系統中

的所有檔案與磁區,或是外部磁碟片進行掃描的動作,以檢測每個檔案或磁區是否有病毒的存在並清除它們。

　　新型病毒幾乎每天隨時發佈,所以並沒有任何防毒軟體能提供絕對的保護。目前防毒軟體的市場也算是競爭激烈,各家防毒軟體公司爲了滿足使用者各方面的防毒需求,在介面設計與功能上其實都已經大同小異。近年興起的「雲端防毒」概念,就是透過雲端上的伺服器來幫你做掃毒、偵測、保護的功能,現在網路上也可以找到許多相當實用的免費軟體,例如AVG Anti-Virus Free Edition,其官方網址爲http://free.avg.com/,各位不妨連上該公司的網頁:

病毒碼就有如電腦病毒指紋

更新掃描引擎才能讓防毒軟體認識新病毒

> **Tips**
>
> 　　防毒軟體有時也必須進行「掃描引擎」（Scan Engine）的更新，在一個新種病毒產生時，防毒軟體並不知道如何去檢測它，例如巨集病毒在剛出來的時候，防毒軟體對於巨集病毒根本沒有定義，在這種情況下，就必須更新防毒軟體的掃描引擎，讓防毒軟體能認得新種類的病毒。

## 5-3 認識防火牆

　　為了防止外來的入侵，現代企業在建構網路系統，通常會將「防火牆」（Firewall）建置納為必要考量因素。防火牆是由路由器、主機與伺服器等軟硬體組成，是一種用來控制網路存取的設備，可設置存取控制清單，並阻絕所有不允許放行的流量，並保護我們自己的網路環境不受來自另一個網路的攻擊，讓資訊安全防護體系達到嚇阻（deter）、偵測（detect）、延阻（delay）、禁制（deny）的目的。

　　雖然防火牆是介於內部網路與外部網路之間，並保護內部網路不受外界不信任網路的威脅，但它並不是一昧的將外部的連線要求阻擋在外，因為如此一來便失去了連接到Internet的目的了：

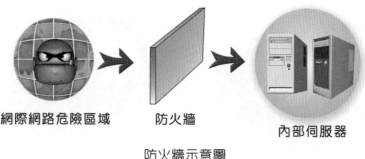

網際網路危險區域　　　防火牆　　　　　內部伺服器

防火牆示意圖

　　防火牆的運作原理相當於在內部區域網路（或伺服器）與網際網路之間，建立起一道虛擬的防護牆來做為隔閡與保護功能。這道防護牆是將另一些未經允許的封包阻擋於受保護的網路環境外，只有受到許可的封包才得以進入防火牆內，例如阻擋如.com、.exe、.wsf、.tif、.jpg等檔案進入，甚至於防火牆內也會使用入侵偵測系統來避免內部威脅，不過防火牆和防毒軟體是不同性質的程式，無法達到防止電腦病毒與內部的人為不法行為。事實上，目前即使一般的個人網站，也開始在自己的電腦中加裝防火牆軟體，防火牆的觀念與作法也逐漸普遍。

　　簡單來說，防火牆就是介於您的電腦與網路之間，用以區隔電腦系統與網路之用，它決定網路上的遠端使用者可以存取您電腦中的哪些服務，一般依照防火牆在TCP/IP協定中的工作層次，主要可以區分為IP過濾型防火牆與代理伺服器型防火牆。IP過濾型防火牆的工作層次在網路層，而代理伺服器型的工作層次則在應用層。

## 5-3-1 IP過濾型防火牆

　　由於TCP/IP協定傳輸方式中，所有在網路上流通的資料都會被分割成較小的封包（packet），並使用一定的封包格式來發送。這其中包含了來源IP位置與目的IP位置。使用IP過濾型防火牆會檢查所有收到封包內的來源IP位置，並依照系統管理者事先設定好的規則加以過濾。

　　通常我們能從封包中內含的資訊來判斷封包的條件，再決定是否准予通過。例如傳送時間、來源／目的端的通訊連接埠號，來源／目的端的IP位址、使用的通訊協定等資訊，就是一種判斷資訊，這類防火牆的缺點是無法登陸來訪者的訊息。

## 5-3-2 代理伺服器型防火牆

「代理伺服器型」防火牆又稱為「應用層閘道防火牆」（Application Gateway Firewall），它的安全性比封包過濾型來的高，但只適用於特定的網路服務存取，例如HTTP、FTP或是Telent等。

它的運作模式主要是讓網際網路中要求連線的客戶端與代理伺服器交談，然後代理伺服器依據網路安全政策來進行判斷，如果允許的連線請求封包，會間接傳送給防火牆背後的伺服器。接著伺服器再將回應訊息回傳給代理伺服器，並由代理伺服器轉送給原來的客戶端。

也就是說，代理伺服器是客戶端與伺服端之間的一個中介服務者。當代理伺服器收到客戶端A對某網站B的連線要求時，代理伺服器會先判斷該要求是否符合規則。若通過判斷，則伺服器便會去站台B將資料取回，並回傳客戶端A。這裏要提醒各位的是代理伺服器會重複所有連線的相關通訊，並登錄所有連線工作的資訊，這是與IP過濾型防火牆不同之處。

## 5-3-3 防火牆的漏洞

雖然防火牆可將具有機密或高敏感度性質的主機隱藏於內部網路，讓外部的主機將無法直接連線到這些主機上來存取或窺視這些資料，事實上，仍然有一些防護上的盲點。防火牆安全機制的漏洞如下：

| | |
|---|---|
| 1 | 防火牆必須開啟必要的通道來讓合法封包進出，因此入侵者當然也可以利用這些通道，配合伺服器軟體本身可能的漏洞侵入。 |
| 2 | 大量資料封包的流通都必須透過防火牆，必然降低網路的效能。 |
| 3 | 防火牆僅管制封包在內部網路與網際網路間的進出，因此入侵者也能利用偽造封包來騙過防火牆，達到入侵的目的。例如有些病毒FTP檔案方式入侵。 |
| 4 | 雖然保護了內部網路免於遭到竊取的威脅，但仍無法防止內賊對內部的侵害。 |

# 5-4 認識資料加密

　　從古到今不論是軍事、商業或個人為了防止重要資料被竊取，除了會在放置資料的地方安裝保護裝置或過程外，還會對資料內容進行加密，以防止其它人在突破保護裝置或過程後，就可真正得知真正資料內容。尤其當在網路上傳遞資料封包時，更擔負著可能被擷取與竊聽的風險，因此最好先對資料進行「加密」（encrypt）的處理。

## 5-4-1 加密與解密

　　「加密」最簡單的意義就是將資料透過特殊演算法，將原本檔案轉換成無法辨識的字母或亂碼。因此加密資料即使被竊取，竊取者也無法直接將資料內容還原，這樣就能夠達到保護資料的目的。

　　就專業的術語而言，加密前的資料稱為「明文」（plaintext），經過加密處理過程的資料則稱為「密文」（ciphertext）。而當加密後的資料傳送到目的地後，將密文還原成名文的過程就稱為「解密」（decrypt），而這種「加 / 解密」的機制則稱為「金鑰」（key），通常是金鑰的長度越長越無法破解，示意圖如下所示：

明文資料　　加密金鑰　　密文資料　　Internet　　明文資料　　金鑰解密　　密文資料

## 5-4-2 常用加密系統介紹

　　資料加／解密的目的是爲了防止資料被竊取，以下將爲各位介紹目前常用的加密系統：

### ▋ 對稱性加密系統

　　「對稱性加密法」（Sysmmetrical key Encryption）又稱爲「單一鍵值加密系統」（Single key Encryption）或「祕密金鑰系統」（Secret Key）。這種加密系統的運作方式，是發送端與接收端都擁有加／解密鑰匙，這個共同鑰匙稱爲祕密鑰匙（secret key），它的運作方式則是傳送端將利用祕密鑰匙將明文加密成密文，而接收端則使用同一把祕密鑰匙將密文還原成明文，因此使用對稱性加密法不但可以爲文件加密，也能達到驗證發送者身分的功用。

　　因爲如果使用者B能用這一組密碼解開文件，那麼就能確定這份文件是由使用者A加密後傳送過去，如下圖所示：

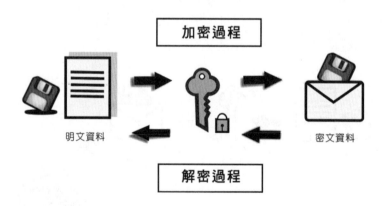

　　常見的對稱鍵值加密系統演算法有DES（Data Encryption Standard，資料加密標準）、Triple DES、IDEA（International Data Encryption Algorithm，國際資料加密演算法）等，對稱式加密法的優點是加／解密速

度快，所以適合長度較長與大量的資料，缺點則是較不容易管理私密鑰匙。

## ■ 非對稱性加密系統

「非對稱性加密系統」是目前較為普遍，也是金融界應用上最安全的加密系統，或稱為「雙鍵加密系統」（Double key Encryption）。它的運作方式是使用兩把不同的「公開鑰匙」（public key）與「祕密鑰匙」（Private key）來進行加解密動作。「公開鑰匙」可在網路上自由流傳公開作為加密，只有使用私人鑰匙才能解密，「私密鑰匙」則是由私人妥為保管。

例如使用者A要傳送一份新的文件給使用者B，使用者A會利用使用者B的公開金鑰來加密，並將密文傳送給使用者B。當使用者B收到密文後，再利用自己的私密金鑰解密。過程如下圖所示：

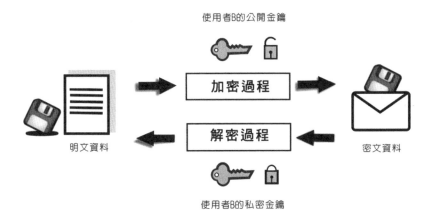

例如各位可以將公開金鑰告知網友，讓他們可以利用此金鑰加密信件您，一但收到此信後，在利用自己的私密金鑰解密即可，通常用於長度較短的訊息加密上。「非對稱性加密法」的最大優點是密碼的安全性更高且管理容易，缺點是運算複雜、速度較慢，另外就是必須借重「憑證管理中

心」（CA）來簽發公開金鑰。

目前普遍使用的「非對稱性加密法」為RSA加密法，它是由Rivest、Shamir及Adleman所發明。RSA加解密速度比「對稱式加解密法」來得慢，是利用兩個質數作為加密與解密的兩個鑰匙，鑰匙的長度約在40個位元到1024位元間。公開鑰匙是用來加密，只有使用私人鑰匙才可以解密，要破解以RSA加密的資料，在一定時間內是幾乎不可能，所以是一種十分安全的加解密演算法。

## 本章習題

1. 請簡述社交工程陷阱（social engineering）。
2. 什麼是跨網站腳本攻擊（Cross-Site Scripting, XSS）？
3. 請簡述殭屍網路（botnet）的攻擊方式。
4. 試簡單說明密碼設置的原則。
5. 資訊安全所討論的項目，可以從哪四個角度來討論？
6. 目前防火牆的安全機制具哪些缺點？試簡述之。
7. 請舉出防火牆的種類。
8. 請簡述「加密」（encrypt）與「解密」（decrypt）。

# 第六章

# 雲經濟時代與電子商務

　　十九世紀時蒸氣機的發明帶動了工業革命，在二十一世紀的今天，網際網路的發展則帶動了人類空前未有的知識經濟（Knowledge Economy）與商業革命。自從網際網路應用於商業活動以來，不但改變了企業經營模式，也改變了大眾的消費模式，以無國界、零時差的優勢，提供全年無休的電子商務（Electronic Commerce, EC）服務。

後疫情時代，電子商務及雲端運算爆發性成長

**Tips**

當知識大規模的參與影響社會經濟活動，創造知識和應用知識的能力與效率正式凌駕於土地、資金等傳統生產要素之上，就是以知識作爲主要生產要素的經濟形態，並且擁有、分配、生產和著重使用知識的新經濟模式，就是所謂「知識經濟」（Knowledge Economy）。

由於雲端運算的特性，使得企業在網路上提供的服務越來越多元化，也讓電子商務成了雲端時代與網路經濟（Network Economy）發展下所帶動的新興產業創新應用。所謂「雲經濟」（Cloud economic）正是雲端運算與網路經濟下的結合體，雲經濟時代來臨，更將大幅加速電子商務市場發展，特別是因爲新冠肺炎疫情的因素，許多企業紛紛要求員工居家辦公，民眾的辦公、生活、飲食及消費習慣都已發生改變，這種情況下的有利條件就是帶動雲端運算的蓬勃發展，加速了原本就在進行的企業雲端數位化，也同步帶動了全新的交易觀念與消費方式。

阿里巴巴董事局主席馬雲更大膽直言2020年時電子商務將取代傳統實體零售商家主導地位。十一月十一日「光棍節」的宅經濟業績總是繳出驚人成績，2021年光棍節旗下的購物網站交易統計在「光棍節」開始1小時就已接近571億人民幣，已經超過美國人當年度「黑色星期五」和「網購星期一」的紀錄。根據市場調查機構eMarketer的最新報告指出，2021年的全球零售電子商務銷售額將可成長至5兆美元，由於網路科技的快速發展與普及，使得購買者逐漸改變從傳統實體商店的購買習慣，轉變成透過便利與快速的網際網路來購買商品。

Tips

　　所謂網路經濟（Network Economy）：就是一種分散式的經濟，帶來了與傳統經濟方式完全不同的改變，最重要的優點就是可以去除傳統中間化，降低市場交易成本，對於整個經濟體系的市場結構也出現了劇烈變化，這種現象讓自由市場更有效率地靈活運作。在傳統經濟時代，價值來自於產品的稀少珍貴性，不過對於網路經濟所帶來的網路效應（Network Effect）而言，有一個很大的特性，透過網路無遠弗屆的特性，在這個體系下的產品的價值取決於其總使用人數，更產生了新的外部環境與經濟法則，全面改變了世界經濟的營運法則。

# 6-1 電子商務簡介

　　在網際網路迅速發展及電子商務日漸成熟的今日，人們已漸漸改變其購物及收集資訊的方式，電子商務等於「電子」加上「商務」，主要是將供應商、經銷商與零售商結合在一起，透過網際網路提供訂單、貨物及帳務的流動與管理，大量節省傳統作業的時程及成本，從買方到賣方都能產生極大的助益，而網路便是促使商業轉型的重要關鍵。

Tips

　　「摩爾定律」（Moore's law）是由英特爾（Intel）名譽董事長摩爾（Gordon Mores）於1965年所提出，表示電子計算相關設備不斷向前快速發展的定律，主要是指一個尺寸相同的IC晶片上，所容納的電晶體數量，因為製程技術的不斷提升與進步，造成電腦的普及運用，每隔約十八個月會加倍，執行運算的速度也會加倍，但製造成本卻不會改變。

CHAPTER

6

CHAPTER

6

　　電子商務不僅只是以網站為主體的線上虛擬商店，包括只要透過電腦與網際網路來進行電子化交易與行銷的活動，都可以視為一種電子商務型態，例如線上購物、書籍銷售，或是非實體的商品，例如廣告、服務販賣、數位學習、網路銀行等。

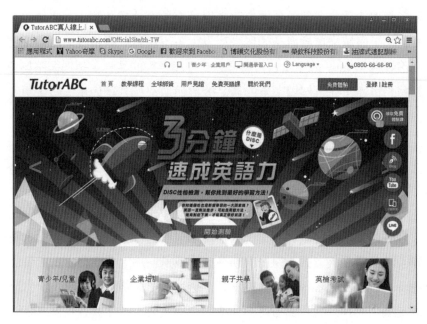

TutorABC線上真人即時互動數位學習英語網站

　　近年來隨著亞馬遜書店、eBay、Yahoo!奇摩拍賣等的興起，讓許多人跌破眼鏡，原來商品也可以在網路虛擬市場上販賣且經營績效優良。對業者而言，可讓商品縮短行銷通路、降低營運成本，並隨著網際網路的延伸而達到全球化銷售的規模。除了可以將全球消費者納入商品的潛在客群，也能夠將品牌與形象知名度大為提升。

**Tips**

擾亂定律（Law of Disruption）是由唐斯及梅振家所提出，結合了「摩爾定律」與「梅特卡夫定律」的第二級效應，主要是指出社會、商業體制與架構以漸進的方式演進，但是科技卻以幾何級數發展，社會、商業體制都已不符合網路經濟時代的運作方式，遠遠落後於科技變化速度，當這兩者之間的鴻溝越來越擴大，使原來的科技、商業、社會、法律間的漸進式演化平衡被擾亂，因此產生了所謂的失衡現象與鴻溝（Gap），就很可能產生革命性的創新與改變。

## 6-1-1 電子商務生態系統

我們知道「生態系統」（eco-system）是指一群相互合作並有高度關聯性的個體，這個理論來自生態學，James F. Moore是最早提出「商業生態系統」的概念，建議以商業生態系統取代產業，在商業生態系統中會同時出現競爭與合作的現象，這個想法打破過去產業的界線，也就是由組織和個人所組成的經濟聯合體。

隨著現代網路快速發展與普及，對產業間競合帶來巨大的撼動，「電子商務生態系統」（E-commerce ecosystem）則是指以電子商務為主體，並且結合商業生態系統概念。在電子商務環境下，針對企業發展策略的復雜性，包括各種電子商務生態系統的成員，也就是與參與者相關所形成的網路業者，例如產品交易平台業者、網路開店業者、網頁設計業者、網頁行銷業者、社群網站、網路客群、相關物流業者等單位透過跨領域的協同合作來完成，並且與系統中的各成員共創新的共享商務模式和協調與各成員的關系，進而強化相互依賴的生態關系，所形成的一種網路生態系統。

## 6-1-2 跨境電商與電商自貿區

　　雲端服務的影響無遠弗屆，包括電子商務等食衣住行育樂等層面都會因此不同，甚至於貿易形態也變得越來越多元，跨境電商（Cross-Border Ecommerce）已經成為新世代的產業火車頭，也是國際貿易的一種新型態。大陸雙十一網購節熱門的跨境交易品項，許多熱賣產品都是台灣製造的強項，當這些消費者在決定是否要進行跨境購買時，整體成本是最大的考量點，因此本土業者應該快速了解大陸跨境電商的保稅進口或直購進口模式，讓更多台灣本土優質商品能以低廉簡便的方式行銷海外，甚至於在全球開創嶄新的產業生態。

　　所謂「跨境電商」是全新的一種國際電子商務貿易型態，指的就是消費者和賣家在不同的關境（實施同一海關法規和關稅制度境域）交易主體，透過電子商務平台完成交易、支付結算與國際物流送貨、完成交易的一種國際商業活動，就像打破國境通路的圍籬，透過網路外銷全世界，讓消費者滑手機，就能直接購買全世界任何角落的商品。例如阿里巴巴也發表了「天貓出海」計畫，打著「一店賣全球」的口號，幫助商家以低成本、低門檻地從國內市場無縫拓展，目標將天貓生態模式逐步複製並推行至東南亞、乃至全球市場。

　　隨著跨境網路購物對全球消費者已經變得愈來愈稀鬆平常，並不僅是一個純粹的貿易技術平台，因為只要涉及到跨境交易，就會牽扯出許多物流、文化、語言、市場、匯兌與稅務等問題。電子商務自貿區是發展跨境電子商務方向的專區，開放外資在區內經營電子商務，配合自貿區的通關便利優勢與提供便利及進口保稅、倉儲安排、物流服務等，並且設立有關跨境電商的服務平台，向消費者展示進口商品，進而大幅促進區域跨境電商發展與便利化的制度環境。

「天貓出海」計畫打著「一店賣全球」的口號

## 6-1-3 金融科技（FinTech）

　　面對目前嶄新的數位化新時代，許多商業模式已打破傳統框架，在雲端時代，每個產業都會被顛覆，例如金融業是一個受到高度監理的產業，因此金融業一向是被動提供服務，現在只要打開手機，用App就可以直接下單，系統可能還會幫忙蒐集市場資訊，自動給予投資建議，無論是投資組合管理或投資建議、日常的理財指導，還是協助引導信貸選擇，還是協助引導信貸選擇，都可結合「人工智慧」（Artificial Intelligence, AI）科技，包括行動支付、機器人理財、KYC、智能客服、作業流程自動化，技術的發展應用於更多金融服務都讓金融業帶來爆炸式革命與新契機！

越來越多年輕族群對金融科技表示高度歡迎與信任

　　所謂「金融科技」（Financial Technology, FinTech）是指新創企業運用科技進化手段，追求轉型的傳統金融公司嘗試利用這些新興技術，來推出創新產品或讓金融服務變得更有效率，的確為金融業維持競爭力之關鍵，包括在線上支付、智慧理財、欺詐檢測、身分認證、加密貨幣（如比特幣）、保險科技、線上借貸、資訊安全等金融創新應用。例如大家耳熟能詳的PayPal是全球最大的線上金流系統與跨國線上交易平台，屬於eBay旗下的子公司，可以讓全世界的買家與賣家自由選擇購物款項的支付方式。各位只要提供PayPal帳號即可，購物時所花費的款項將直接從餘額中扣除，或者PayPal餘額不足的時候，還可以直接從信用卡扣付購物款項。

PayPal是全球最大的線上金流系統

# 6-2 電子商務的特性

　　電子商務不僅讓現代企業開創了無限可能的商機，也讓人類的生活更加便利，簡單來說，就是在網路上做生意，就是一種在網際網路上所進行的交易行為，利用資訊網路所進行的商務活動，包括商品買賣、廣告推撥、服務推廣與市場情報等。透過電子商務與網頁技術，還可以收集、分析、研究客戶的各種最新與及時資訊，快速調整行銷與產品策略。對於一個成功的電子商務模式，通常具備以下的特性。

透過電商模式，小資族就可在網路市集上開店

## 6-2-1 全年無休經營模式

　　網路商店最大的好處就是它和7-11一樣是全年無休的，透過網站的建構與運作，可以一年365天，全天候24小時全年無休的提供商品資訊與交易服務，不論任何時間、地點，都可利用簡單的工具上線執行交易行為。廠商可隨時依買方的消費與瀏覽行為，即時調整或提供量身訂制的資訊或產品，買方也可以主動在線上傳遞服務要求與意見，透過網站的建構與運作，因為整個交易資訊也轉變成數位化的形式，更能快速整合上、下游廠商的資訊，及時處理電子資料交換而快速完成交易，取代了傳統面對面的交易模式。

消費者可在任何時間地點透過Internet消費

## 6-2-2 全球化銷售通道

　　網路連結是普及全球各地，消費者可在任何時間和地點，透過網際網路進入購物網站購買到各種式樣商品。全球化整合是現代前所未見的市場商業趨勢，因為網路無遠弗屆，所以範圍不再只是特定的地區或社團，全世界每一角落的網民都是潛在的顧客，遍及全球的無數商機不斷興起。對業者而言，可讓商品縮短行銷通路、降低營運成本，並隨著網際網路的延伸而達到全球化銷售的規模。除了可以將全球消費者納入商品的潛在客群，也能夠將品牌與形象知名度大為提升。

ELLE時尚網站透過網路成功在全球發販售場品

### 6-2-3 即時互動的貼心服務

　　網站提供了一個買賣雙方可即時互動的雙向互動溝通的管道，包括了線上瀏覽、搜尋、傳輸、付款、廣告行銷、電子信件交流及線上客服討論等，具有線上處理之即時與迅速的特性，另外還可以完整記錄消費者個人資料及每次交易資訊，因此可以快速分析出消費者的喜好與消費模式，甚至反其道而行，消費者也能參與廠商產品的設計與測試。例如網路拍賣是一種新興的交易模式，結合了電子商務與傳統拍賣所形成的線上商業模式，PChome網站利用網路技術強大通訊與即時能力，降低拍賣過程中買賣雙方互動出合理產品價格，具體呈現網際網路即時互動性與反應能力。

## 6-2-4 創新科技支援 —— 虛擬實境與元宇宙

　　電子商務稱得上是一個普及全球的商務虛擬世界，所有的網路使用者皆是商品的潛在客戶。創新科技支援是未來電子商務發展的一項利器，提升了資訊在市場交易上的重要性與績效，無論是寬頻網路傳輸、多媒體網頁展示、資料搜尋、虛擬實境、線上遊戲等。這些新技術除了讓使用者感到新奇感之外，更增加了使用者在交易過程的方便性與適合消費者對話的創新方式。例如「虛擬實境」（Virtual Reality Modeling Language, VRML）的軟硬體技術逐漸走向成熟，將為廣告和品牌行銷業者創造未來無限可能，從娛樂、遊戲、社交平台、電子商務到網路行銷。

> **Tips**
>
> 　　「虛擬實境技術」（Virtual Reality Modeling Language, VRML）是一種程式語法，主要是利用電腦模擬產生一個三度空間的虛擬世界，提供使用者關於視覺、聽覺、觸覺等感官的模擬世界，利用此種語法可以在網頁上建造出一個3D的立體模型與立體空間。VRML最大特色在於其互動性與即時反應，可讓設計者或參觀者在電腦中就可以獲得相同的感受，如同身處在真實世界一般，並且可以與360度全方位場景產生互動。

「Buy＋」計畫引領未來虛擬實境購物體驗

　　阿里巴巴旗下著名的購物網站淘寶網，將發揮其平台優勢，全面啓動「Buy＋」計畫引領未來購物體驗，向世人展示了利用虛擬實境技術改進消費體驗的構想，戴上連接感應器的VR眼鏡，例如開發虛擬商場或虛擬

展廳來展示商品試用商品等，改變了以往2D平面呈現方式，不僅革新了網路行銷的方式，讓消費者有眞實身歷其境的感覺，大大提升虛擬通路的購物體驗，同時提升品牌的印象，爲市場帶來無限商機。

　　談到「元宇宙」（Metaverse），多數人會直接聯想到電玩遊戲，其實打造元宇宙商務環境也是在開發一個新的電商經濟模式。元宇宙可以看成是一個與眞實世界互相連結、多人共享的虛擬世界，今天人們可以輕鬆使用VR/AR的穿戴式裝置進入元宇宙，臉書執行長佐伯格就曾表示「元宇宙就是下一世代的網際網路（Internet），並希望要將臉書從社群平台轉型爲Metaverse公司，隨後臉書在美國時間2021年10月28日改名爲「Meta」。目前有越來越多店家或品牌都正以元宇宙（Metaverse）技術，來提供新服務、宣傳產品及吸引顧客，**並期望透過元宇宙的「沉浸感」吸引消費者目光與提升購物體驗**，透過賦予人們在虛擬數位世界中的無限表達能力，創造出能吸引消費者的元宇宙沉浸式體驗。

Vans服飾推出滑板主題的元宇宙世界 ── Vans World來行銷品牌

CHAPTER

6

### 6-2-5 低成本與客製化銷售潮流

　　「客製化」（Customization）是廠商依據不同顧客的特性而提供量身訂製的產品與不同的服務，消費者可在任何時間和地點，透過網際網路進入購物網站購買到各種式樣的個人化商品。對業者而言，可讓商品縮短行銷通路、降低營運成本，並隨著網際網路的延伸而達到全球化銷售的規模，提供較具競爭性的價格給顧客。顧客是博客來網路書店的主要資金來源，博客來網路書店的顧客主要是網路族和知識工作者，博客來網路書店中可依個人需求隨時隨地上網，蒐集出版資訊情報，還能買到一般書店所無法提供的價格。

CHAPTER

6

# 6-3 電子商務七流

面臨全球環境變遷對各產業所造成的影響,網際網路可視同一個開放性資料的網路,電子商務已經成為產業衝擊下的一股勢不可擋的潮流。對現代企業而言,電子商務已不僅僅是一個嶄新的配銷通路模式,最重要是提供企業一種全然不同的經營與交易模式。透過e化的角度,可將電子商務分為七個流(flow),其中有四種主要流(商流、物流、金流、資訊流)與3種次要流(人才流、服務流、設計流),分述如下。

物品配送　　商業訊息

現金流程　　資訊行銷

電子商務的四種主要流(商流、物流、金流、資訊流)

CHAPTER

6

## 6-3-1 商流

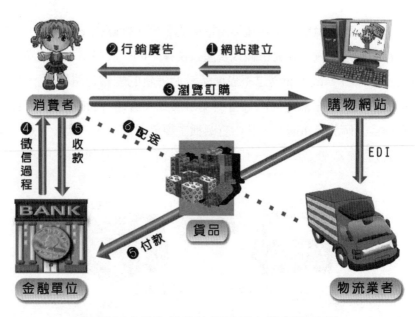

商流是指交易作業的流通及所有權移轉過程

　　電子商務的本質是商務，商務的核心就是商流，「商流」是指交易作業的流通，或是市場上所謂的「交易活動」，是各項流通活動的主軸，代表資產所有權的轉移過程，內容則是將商品由生產者處傳送到批發商手後，再由批發商傳送到零售業者，最後則由零售商處傳送到消費者手中的商品販賣交易程序。商流屬於電子商務的後端管理，包括了銷售行為、商情蒐集、商業服務、行銷策略、賣場管理、銷售管理等活動。

## 6-3-2 金流

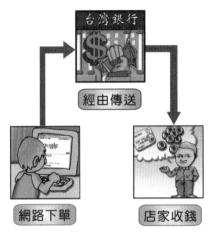

金流傳送過程示意圖

　　金流就是網站與顧客間有關金錢往來與交易的流通過程，是指資金的流通，簡單的說，就是有關電子商務中「錢」的處理流程，包含應收、應付、稅務、會計、信用查詢、付款指示明細、進帳通知明細等，並且透過金融體系安全的認證機制完成付款。早期的電子商務雖仍停留在提供資訊、協同作業與採購階段，未來是否能將整個交易完全在線上進行，關鍵就在於「金流e化」的成功與否。

　　「金流e化」也就是金流自動化，在網路上透過安全的認證機制，包括成交過程、即時收款與客戶付款後，相關地自動處理程序，目的在於維護交易時金錢流通的安全性與保密性。目前常見的方式有貨到付款、線上刷卡、ATM轉帳、電子錢包、手機小額付款、超商代碼繳費等。

### 6-3-3 物流

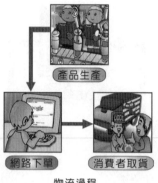

物流過程

　　物流（logistics）是電子商務模型的基本要素，定義是指產品從生產者移轉到經銷商、消費者的整個流通過程，透過有效管理程序，並結合包括倉儲、裝卸、包裝、運輸等相關活動。電子商務必須有現代化物流技術作基礎，才能在最大限度上使交易雙方得到方便性。由於電子商務主要功能是將供應商、經銷商與零售商結合一起，因此電子商務上物流的主要重點就是當消費者在網際網路下單後的產品，廠商如何將產品利用運輸工具就可以抵達目地的，最後遞送至消費者手上的所有流程。

黑貓宅急便是很優秀的物流團隊

CHAPTER

6

通常當經營網站事業進入成熟期，接單量越來越大時，物流配送是電子商務不可缺少的重要環節，重要性甚至不輸於金流！目前常見的物流運送方式有郵寄、貨到付款、超商取貨、宅配等，對於少數虛擬數位化商品和服務來說，也可以直接透過網路來進行配送與下載，如各種電子書、資訊諮詢服務、付費軟體等。

## 6-3-4 資訊流

資訊流是一切電子商務活動的核心，指的是網路商店的架構，泛指商家透過商品交易或服務，以取得營運相關資訊的過程。所有上網的消費者首先接觸到的就是資訊流，包括商品瀏覽、購物車、結帳、留言版、新增會員、行銷活動、訂單資訊等功能。企業應注意維繫資訊流暢通，以有效控管電子商務正常運作，一個線上購物網站最重要的就是整個網站規劃流程，好的網站架構就好比一個好的賣場，消費者可以快速的找到自己要的產品。

受歡迎的網站必定有好的資訊流

### 6-3-5 服務流

　　服務流是以消費者需求爲目的，爲了提升顧客的滿意度，根據需求把資源加以整合，所規劃一連串的活動與設計，並且結合商流、物流、金流與資訊流，消費者可以快速找到自己要的產品與得到最新產品訊息，廠商也可以透過留言版功能得到最即時的消費者訊息，包含售後服務，也就是在交易完成後，可依照產品服務內容要求服務。有些出版社網站經常辦促銷與贈品活動，也會回答消費者買書的相關問題，甚至辦簽書會讓作者與讀者面對面討論。

服務流的好壞對網路買家有很大的影響

## 6-3-6 設計流

設計流泛指網站的規劃與建立，涵蓋範圍包含網站本身和電子商圈的商務環境，就是依照顧客需求所研擬之產品生產、產品配置、賣場規劃、商品分析、商圈開發的設計過程。設計流包括設計企業間資訊的分享與共用與強調顧客介面的友善性與個人化。重點在於如何提供優質的購物環境，和建立方便、親切、以客為尊的服務流，甚至都可透過網際網路和合作廠商，甚至是消費者共同設計或是修改。例如Apple Music是一般人休閒時相當優質的音樂播放網站，不但操作介面秉持著Apple軟體一貫簡單易用的設計原則，使用智慧型播放列表還可以組合出各式各樣的播放音樂方式，這就是結合多項服務所產生一種連續性服務流。

Apple Music網站的設計流相當成功

## 6-3-7 人才流

　　電子商務高速成長的同時，人才問題卻成了上萬商家發展的瓶頸，人才流泛指電子商務的人才培養，以滿足現今電子商務熱潮的人力資源需求。電子商務所需求的人才，是跨領域、跨學科的人才，因此這類人才除了要懂得電子商務的技術面，還需學習商務經營與管理、行銷與服務。

經濟部經常舉辦電子商務人才培訓計畫

# 6-4 電子商務經營模式

經營模式（Business Model）是指一個企業從事某一領域經營的市場定位和盈利目標，主要是企業用來從市場上獲得利潤，是整個商業計畫的核心，經營模式會隨著時間的演進與實務觀點有所不同。電子商務在網際網路上的經營模式極為廣泛，不論是有形的實體商品或無形的資訊服務，都可能成為電子商務的交易標的。

「共享經濟」模式的 Uber，是最新的C2C模式

電子商務確實正在改變人們長久以來的消費習慣與企業的經營型態。所謂電子商務的經營模式，就是指電子化企業（e-business）如何運用資訊科技與網際網路，來經營企業的模式，本節中將介紹目前電子商務經由實務應用與交易對象區分，可以分為以下幾種類型。

CHAPTER

6

## 6-4-1 B2B模式

　　企業對企業間（Business to Business，簡稱B2B）的電子商務指的是企業與企業間或企業內透過網際網路所進行的一切商業活動，大至工廠機械設備與零件，小到辦公室文具，都是B2B的範圍，也就是企業直接在網路上與另一個企業進行交易活動，包括上下游企業的資訊整合、產品交易、貨物配送、線上交易、庫存管理等，這種模式可以讓供應鏈得以做更好的整合，交易模式也變得更透明化，企業間電子商務的實施將帶動企業成本的下降，同時能擴大企業的整體收入來源。由於B2B商業模式參與的雙方都是企業，特點是訂單數量金額較大，**適用於有長期合作關係的上下游廠商**，例如阿里巴巴（http://www.1688.com/）就是典型的B2B批發貿易平台，即使是小買家、小供應商也能透過阿里巴巴進行採購或銷售。

阿里巴巴是大中華圈最知名的B2B交易網站

## 6-4-2 B2C模式

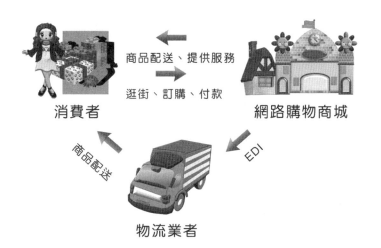

商品配送、提供服務

逛街、訂購、付款

消費者　　　　　　　　網路購物商城

商品配送　　　　EDI

物流業者

　　「企業對消費者間」（Business to Customer，簡稱B2C）又稱為「消費性電子商務」模式，就是指企業直接和消費者間進行交易的行為模式，販賣對象是以一般消費大眾為主，就像是在實體百貨公司的化妝品專櫃，或是商圈中的服飾店等，企業店家直接將產品或服務推上電商平台提供給消費者，而消費者也可以利用平台搜尋喜歡的商品，並提供24小時即時互動的資訊與便利來吸引消費者選購，將傳統由實體店面所銷售的實體商品，改以透過網際網路直接面對消費者進行的交易活動，這也是目前一般電子商務最常見的營運模式，例如Amazon、天貓都是經營B2C電子商務的知名網站。

## 6-4-3 C2C模式

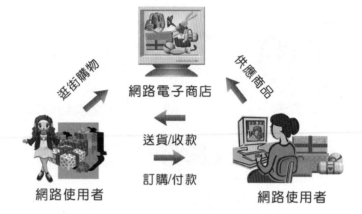

「客戶對客戶型電子商務」（Customer-to-Customer，簡稱C2C），就是個人網路使用者透過網際網路與其他個人使用者進行直接交易的商業行為，主要就是消費者之間自發性的商品交易行為。網路使用者不僅是消費者也可能是提供者，供應者透過網路虛擬電子商店設置展示區，提供商品圖片、規格、價位及交款方式等資訊，最常見的C2C型網站就是拍賣網站。至於拍賣平台的選擇，免費只是網拍者的考量因素之一，擁有大量客群與具備完善的網路交易環境才是最重要關鍵。

eBay是全球最大的拍賣網站

「共享經濟」（The Sharing Economy）模式正在日漸成長，這樣的經濟體系是讓個人都有額外創造收入的可能，就是透過網路平台所有的產品、服務都能被大眾使用、分享與出租的概念，例如類似計程車「共乘服務」（Ride-sharing Service）的Uber，絕大多數的司機開的是自己的車輛，大家可以透過網路平台，只要家中有空車，人人都能提供載客服務。

**Tips**

隨著獨立集資、第三方支付等工具在台灣的興起和普及，台灣的群眾集資（Crowdfunding）發展逐漸成熟，打破傳統資金的取得管道。所謂群眾集資就是過群眾的力量來募得資金，使C2C 模式由生產銷售模式，延伸至資金募集模式，以群眾的力量共築夢想，來支持個人或組織的特定目標。近年來群眾募資在各地掀起浪潮，募資者善用網際網路吸引世界各地的大眾出錢，用小額贊助來尋求贊助各類創作與計畫。

## 6-4-4 C2B模式

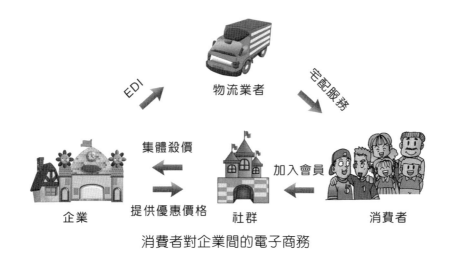

消費者對企業間的電子商務

　　「消費者對企業型電子商務」（Customer-to-Busines，簡稱C2B）是一種將消費者帶往供應者端，並產生消費行為的電子商務新類型，也就是主導權由廠商手上轉移到了消費者手中。在C2B的關係中，則先由消費者提出需求，透過「社群」力量與企業進行集體議價及配合提供貨品的電子商務模式，也就是集結一群人用大量訂購的方式，來跟供應商要求更低的單價。例如近年來團購被市場視為「便宜」代名詞，琳瑯滿目的團購促銷廣告時常充斥在搜尋網站的頁面上，不過團購今日也成為眾多精打細算消費者紛追求的一種現代與時尚的購物方式。

「GOMAJI 夠麻吉」團購網經常推出超高CP值的促銷活動

　　世界相當知名的C2B旅遊電子商務網站Priceline.com主要的經營理念就是「讓你自己定價」，消費者可以在網站上自由出價，並且可以用很低

的價錢訂到很棒的四、五星級飯店，該公司所建立的買賣機制是由線上買方出價，賣方選擇是否要提供商品，最後由買方決定成交。Priceline.com就以這樣的機制，為客戶提供機票、飯店房間、租車、機票連飯店組合及旅遊保險的優惠訂購服務。

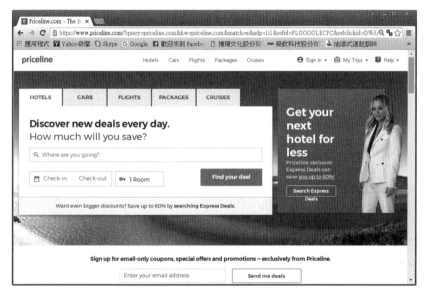

Priceline.com提供了最優惠的全方位旅遊服務

# 6-5 電子商務交易安全機制

目前電子商務的發展受到最大的考驗，就是線上交易安全性，由於線上交易時，必須於網站上輸入個人機密的資料，例如身分證字號、信用卡卡號等資料，為了讓消費者線上交易能得到一定程度的保障，到目前為止，最被商家及消費者所接受的電子安全交易機制是SSL/TLS及SET兩種。

### 6-5-1 SSL/TLS協定

　　「安全插槽層協定」（Secure Socket Layer, SSL）是一種128位元傳輸加密的安全機制，由網景公司於1994年提出，目的在於協助使用者在傳輸過程中保護資料安全。是目前網路上十分流行的資料安全傳輸加密協定。

　　SSL憑證包含一組公開及私密金鑰，以及已經通過驗證的識別資訊，並且使用RSA演算法及證書管理架構，它在用戶端與伺服器之間進行加密與解密的程序，由於採用公眾鑰匙技術識別對方身分，受驗證方須持有認證機構（CA）的證書，其中內含其持有者的公共鑰匙。目前最新的版本為SSL3.0，並使用128位元加密技術。當各位連結到具有SSL安全機制的網頁時，在瀏覽器下網址列右側會出現一個類似鎖頭的圖示，表示目前瀏覽器網頁與伺服器間的通訊資料均採用SSL安全機制。

　　例如下圖是網際威信HiTRUST與VeriSign所簽發之「全球安全網站認證標章」，讓消費者可以相信該網站確實是合法成立之公司，並說明網站可啓動SSL加密機制，以保護雙方資料傳輸的安全，如下圖所示：

　　最近推出的「傳輸層安全協定」（Transport Layer Security, TLS）是由SSL 3.0版本爲基礎改良而來，會利用公開金鑰基礎結構與非對稱加密等技術來保護在網際網路上傳輸的資料，使用該協定將資料加密後再行傳送，以保證雙方交換資料之保密及完整，在通訊的過程中確保對像的身份，提供了比SSL協定更好的通訊安全性與可靠性，避免未經授權的第三方竊聽或修改，可以算是SSL安全機制的進階版。

---

**Tips**

　　憑證管理中心（Certificate Authority, CA）爲一個具公信力的第三者身分，是由信用卡發卡單位所共同委派的公正代理組織，負責提供持卡人、特約商店以及參與銀行交易所需的電子證書（Certificate）、憑證簽發、廢止等等管理服務。國內知名的憑證管理中心如下：

政府憑證管理中心：http://www.pki.gov.tw
網際威信：http://www.hitrust.com.tw/

---

## 6-5-2 SET協定

由於SSL並不是一個最安全的電子交易機制，為了達到更安全的標準，於是由信用卡國際大廠VISA及MasterCard，於1996年共同制定並發表的「安全交易協定」（Secure Electronic Transaction, SET），並陸續獲得IBM、Microsoft、HP及Compaq等軟硬體大廠的支持，加上SET安全機制採用非對稱鍵值加密系統的編碼方式，並採用知名的RSA及DES演算法技術，讓傳輸於網路上的資料更具有安全性，將可以滿足身分確認、隱私權保密資料完整和交易不可否認性的安全交易需求。

SET機制的運作方式是消費者網路商家並無法直接在網際網路上進行單獨交易，雙方都必須在進行交易前，預先向「憑證管理中心」（CA）取得各自的SET數位認證資料，進行電子交易時，持卡人和特約商店所使用的SET軟體會在電子資料交換前確認雙方的身份。

---

**Tips**

「信用卡3D」驗證機制是由VISA、MasterCard及JCB國際組織所推出，作法是信用卡使用者必須在信用卡發卡銀行註冊一組3D驗證碼完成註冊之後，當信用卡使用者在提供 3D 驗證服務的網路商店使用信用卡付費時，必須在交易的過程中輸入這組3D驗證碼，確保只有您本人才可以使用自己的信用卡成功交易，才能完成線上刷卡付款動作。

---

# 本章習題

1. 舉出三種電子商務的類型。
2. 電子商務的交易流程是由哪些單元組合而成？

3. 請說明SET與SSL的最大差異在何處？

4. 請說明行動商務的定義。

5. 試說明O2O模式（Online To Offline, O2O）。

6. 請說明商流的意義。

7. 何謂設計流？試說明之。

8. 試舉例簡述「共享經濟」（The Sharing Economy）模式。

9. 什麼是營運模式（business model）？

# 第七章

# Google 雲端全方位整合服務

在網路的世界中，Google的雲端服務平台最為先進與完備，所提供的應用軟體包羅萬象，Google雲端服務主要是以個人應用為出發點，能支援各種平台裝置的App，統稱Google Apps，真正實現了各位可以在任何能夠使用網路存取的地方，連接你需要的雲端運算服務。各位要使用Google的各項功能，首先必須先有Google帳戶，電腦上也要安裝Google Chrome瀏覽器才行。當各位安裝Google Chrome並登入個人的Google帳戶後，Google Chrome瀏覽器的右上角就會顯示你的名字。如果你有多個帳戶想要進行切換或是進行登出，都是由右上角的圓鈕進行切換。如下圖所示：

擁有Google帳戶者，除了可以使用Google Chrome瀏覽器外，還能啓用各項的服務，在右上角按下  鈕就可以看到搜尋、地圖、Gmail、聯絡人、雲端硬碟、翻譯、YouTube、Google Keep記事與提醒、Google文件、雲端硬碟、Google表單、Google相簿、Google地圖、YouTube、Google Play、Google Classroom等包羅萬象的各項服務。

## 7-1 Google搜尋祕技

想要從浩瀚的網際網路上，快速且精確的找到需要的資訊，入口網站是進入WWW的首站。入口網站通常會提供各種豐富個別化的搜尋服務與導覽連結功能。其中「搜尋引擎」便是各位的最好幫手，諸如：Google、Yahoo、蕃薯藤、新浪網等。目前網路上的搜尋引擎種類眾多，Google憑藉其快速且精確的搜尋效能脫穎而出，奠定其在搜尋引擎界的超強霸主地位。

　　要在Google Chrome瀏覽器上進行搜尋是件很簡單的事，只要在搜尋框中輸入想要搜尋的字詞，按下「Enter」鍵或「Google搜尋」鈕，就能自動顯示是搜尋的結果。

Google Chrome 也可以直接在網址列上輸入搜尋的關鍵字喔

由搜尋框中輸入想要搜尋的字詞

　　而搜尋的過程中，Google會貼心地將相關詞語顯示在下拉式的清單中，各位不必等到整個查詢的字詞都輸入完畢，就可以快速從清單中選擇要查詢的資料。另外，Google會將關聯性較大的搜尋結果優先顯示，以方便搜尋者依序找尋資料。

### 使用「+」或「空格」

　　搜尋時必須輸入關鍵字，例如：要搜尋有關「洋基隊王建民」的資料，「洋基隊王建民」即為關鍵字。如果想讓搜尋範圍更加廣泛，可以使用「＋」或「空格」語法連結多個關鍵字。

### 使用「-」

　　如果想要篩選或過濾搜尋結果，只要加上「-」語法即可。例如：只想搜尋單純「電話」而不含「行動電話」的資料。

### 使用「OR」

　　使用「OR」語法可以搜尋到每個關鍵字個別所屬的網頁，是一種類似聯集觀念的應用。以輸入「東京OR電玩展」搜尋條件為例，其搜尋結果的排列順序為「東京」⇨「電玩展」⇨「東京電玩展」。

## 7-1-1 地圖搜尋

　　Google也提供各位尋找商家、查尋地址、或是感興趣的位置。只要輸入地址或位置，它就會自動搜尋到鄰近的商家、機關或學校等網站資訊。在地圖資料方面，可以採用地圖、衛星、或是地形等方式來檢視搜尋的位置，也可以將地圖放大或縮小檢視，而搜尋的結果也可以列印、或是以mail方式傳送給親朋好友，功能相當的完善。

**1**

① 進入Google首頁，按下「Google應用程式」鈕，會出現Google所整合的各種服務

② 按下「地圖」應用程式

**2**

輸入要搜尋的地點
後，按一下「搜
尋」鈕

**3**

這裡顯示輔仁大學
附近的相關場所及
位置標記

**4**

按此鈕可以瀏覽街
景服務圖片

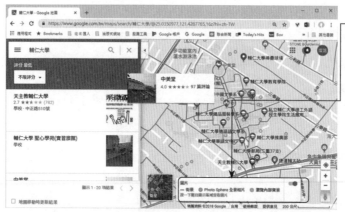

在地圖上按一下不同的醒目顯示區域查看圖片，例如下圖就是按下輔仁大學知名景點「中美堂」附近的街景

② 按此處可以返回 Google 地圖

① 這就是著名的輔仁大學中美堂的街景圖片

在此處按一下可以切換到衛星拍照圖

以衛星拍照的方式
呈現街景圖秀出
3D的街景圖片

按此切換回Google
地圖

## 7-1-2 Google學術搜尋

　　Google學術搜尋是一個可以免費搜尋學術文章的網路搜尋引擎，可讓使用者可以檢索特定的學術文獻、或是學術單位的論文、報告、期刊等文件。要想查到可靠的學術訊息及世界各地出版的學術期刊，就可以倚靠Google學術搜尋。Google學術搜尋的網址為：scholar.google.com.tw

1

① 輸入Google學術
搜尋的網址

② 輸入關鍵字

③ 按下「搜尋」鈕
開始搜尋

2

顯示搜尋的結果

按此鈕可儲存到我的圖書館中

在搜尋的結果中，各位可以從左側找到較新的學術文章，也可以指定搜尋繁體中文網頁，如果找到所需的參考文件，可以按下文件下方的01024鈕，使其儲存到我的圖書館中。

點選右上角的「我的圖書館」，就可以檢視所儲存的文件

## 7-1-3 Google Keep記事功能

日常生活中有許多大大小小的事，有時需要快速記下一些想法、待辦事項或購物清單，Google Keep功能不僅可以幫助各位紀錄文字，還可以自動將語音轉成文字。同時在記事中也可以將書面文件或海報拍照，並加以存檔。此外還可以與他人共用Keep記事，並即時進行協作共同編輯，

而記事本的內容還可以直接複製到Google文件中。

　　Google Keep還提供搜尋的功能，可以幫助使用者輕鬆快速找到自己先前所建立的記事內容。目前Google Keep有網頁版、行動裝置版及電腦版。例如開啓Chrome瀏覽器連結到Google Keep首頁（https://keep.google.com）就能開啓Google Keep網頁版。第一次開啓會有最近功能的說明，按一下「知道了」，接著就可以按一下「新增記事」來紀錄自己生活中的大小事。

　　除了網頁版外，各位也可以從Chrome線上應用程式商店下載Google Keep應用程式，網址爲http://g.co/keepinchrome。如下圖所示：

## 7-1-4 Google雲端教室

　　Google宣布「Google Classroom（Google雲端教室）」開放給「擁有一般Google免費帳號」的帳戶用者使用，任何人都能線上建立課程，輕鬆透過Google雲端教室來幫助學校老師建構遠端課程或動學習的教學平台，增進學生自主學習或與同學間的交流平台。要登入Google雲端教室，請於網址列輸入https://classroom.google.com，並以你的Google帳號輸入帳號及密碼免費登入。

在上圖中按下「繼續」鈕就會進入Google Classroom的首頁，只要於主畫面右上角按下「+」就可以建立你的第一個課程。

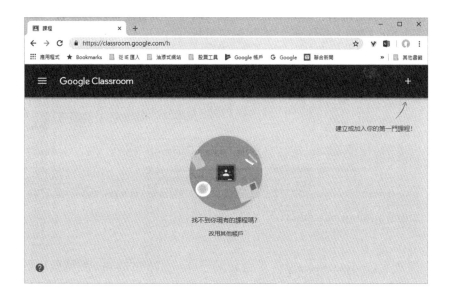

### 7-1-5 Google Sites（Google協作平台）

　　Google協作平台是Google推出的線上網頁設計及網站架設的工具，新版的Google Sites提供了全新的布景主題，能搭配不同的配色風格來加以調整，讓設計出來的網頁風格更加時尚美觀，因此Google協作平台非常適合學生、社團、中小企業以合作的方式建立專屬的網站。

　　例如許多老師會使用Google協作平台來架設班級網頁，在這個班網中可以整合班級所有同學的相簿、指定作業或教學資源，不僅方便全班同學查看，也可以提供給家長使用。例如底下的澎湖縣校外教學資源整合平台網頁就是學校老師使用Google sites所建置。

http://outdoor.phc.edu.tw/

　　要登入Google Sites協作平台請開啟Google的Chrome瀏覽器，於網址列輸入「https://Sites.google.com/new」，按下ENTER鍵就可以連結到Google Sites協作平台網站，如果確認已登入Google帳號，就會進入

Google協作平台主畫面：

　　只要於上圖主畫面中右下角按下「 ＋ 建立新的協作平台」就可以
開始網頁的編輯工作。

　　Google協作平台採用所見即所得及智能編輯的方式，來讓您的網頁的設計過程更直覺，即使不懂一行程式碼，也可以快速建立一個漂亮的網站。網站中網頁編輯流程的方式，就如同在Google文件編輯文章一樣簡單，甚至如果想要網站有多頁面的架構，也可以新增多個分頁，分別編輯不同的網站內容。為了符合現在多螢幕的瀏覽需求，新版「Google協作平台」製作出來的網站後，就可以將完成的網站發佈到網路上，以供全球各地的網友觀看。同時自動適應各種不同大小的螢幕，自動調整版面。

## 7-1-6 Google地球

　　使用「Google地球」能以各種視覺化效果檢視地理相關資訊，透過「Google地球」可以快速觀看地球上任何地方的衛星圖像、地圖、地形圖、3D建築物，甚至到天際中探索星系。Google Earth自2017年4月開始，將單機版的Google地球標準版改版以Chrome瀏覽器為基礎的雲端版，簡化不少功能，不過它是一種免安裝及更新的版本，另外原先的Google地球專業版則保留下來。要進入Chrome瀏覽器為基礎的雲端版，請按下圖鈕：

　　除了上述方式進入Google地球Chrome版外，也可以連上下列網址：
https://earth.google.com/web

　　就可以進入如下圖的Google地球Chrome版：

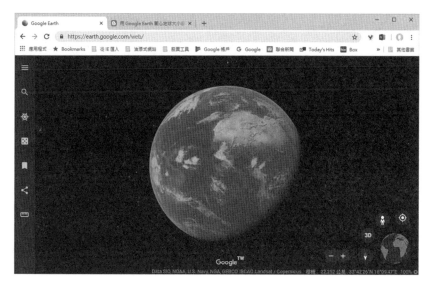

Google地球Chrome版

　　Google地球Chrome版的基本操作，您只需要使用滑鼠與Shift鍵就能輕易掌控。要使用Google地球專業版，請至底下網址進行下載：https://www.google.com/intl/zh-TW/earth/desktop/

「Google地球」可讓您從外太空拉近鏡頭，觀看我們的地球。每次啟動「Google地球」，地球都會出現在主視窗中，這個區域就稱為「3D檢視器」，可以顯示地球上的圖像、地形和位置資訊。

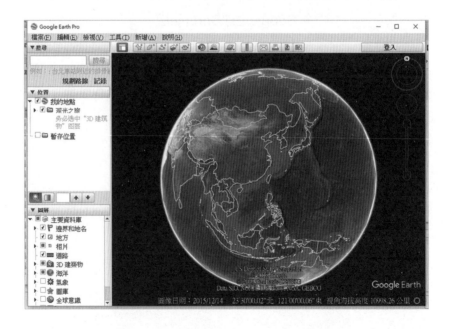

　　您也可以改變視點，觀看遙遠銀河和星群的圖片，如果想要在天際和地球間進行切換，只要按下圖的gnew012鈕即可地球、星空及其他星球之間進行切換：

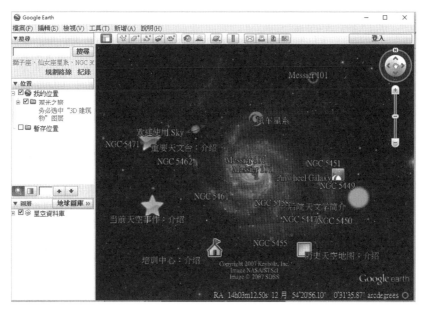

切換到星空的外觀效果

　　無論各位是在尋找特定地址、兩條街道的交叉口、城市、州或國家，都可在「目的地」方塊中輸入，並按下「搜尋」鈕就可以快速找到所要檢視的目的地。下圖為我們設定在「New York City」的外觀：

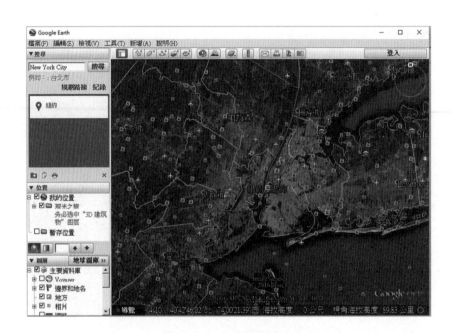

　　另外，使用「Google地球」還可以觀看世界各地許多城市裡的3D建築物，若要檢視這些建築物，在「圖層」面板中勾選「3D建築物」資料夾，開啓3D建築物，並於「目地的」輸入所要檢視的地點，接著按下「搜尋」鈕 搜尋 ，就可以觀看世界各地的3D建築物。

## 7-1-7 Google我的商家

「Google我的商家」是一種在地化的服務，如果各位經營了一間小吃店，想要讓消費者或顧客在Google地圖找到自己經營的小吃店，就可以申請「我的商家」服務，當驗證通過後，您就可以在Google地圖上編輯您的店家的完整資訊，也可以上傳商家照片來使您的商家地標看起來更具吸引力，有助於搜尋引擎上找到您的商家。底下示範如何申請「我的商家」服務：

第1步　首先連上「Google我的商家」網站：https://www.google.com/intl/zh-TW/business/，點選「馬上試試」。

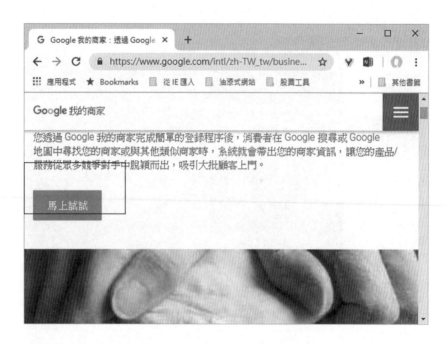

**第2步** 接著輸入您店家的「商家名稱」，接著按「下一步」鈕。

第3步 接著輸入您商家的住址資訊，接著按「下一步」鈕。

第4步 點選「這些都不是我的商家」，接著按「下一步」鈕。

**第5步** 選擇最符合您商家的類別，例如：「小吃店」，接著按「下一步」鈕。

**第6步** 選擇您想要向客戶顯示的聯絡方式，接著按「下一步」鈕。

第**7**步　最後進入驗證商家，接著按「完成」鈕。

第**8**步　接著請選擇驗證的方式，請確認您的地址是否輸入正確，如果沒
　　　　問題請點選「郵寄驗證」。

第9步　接著按「繼續」鈕。

第10步　會開啓如下圖的尙待驗證的畫面，多數明信片會在16日內寄達。

當您如果收到驗證郵件，再請登入Google我的商家進行驗證碼的驗證即可，當服務開通後，在Google地圖就可以搜尋到您的店家。

# 7-2 Google雲端硬碟（Google Drive）

Google雲端硬碟（Google Drive）可讓您儲存相片、文件、試算表、簡報、繪圖、影音等各種內容，並讓您無論透過智慧型手機、平板電腦或桌機在任何地方都可以存取到雲端硬碟中的檔案。當各位於瀏覽器連上https://drive.google.com/drive/my-drive網址，就可以進入雲端硬碟後的主畫面。例如下圖為登入筆者自己的雲端硬碟後的主畫面，透過新版雲端硬碟主畫面更快速輕鬆地建立、檢視及編輯文件、試算表或簡報：

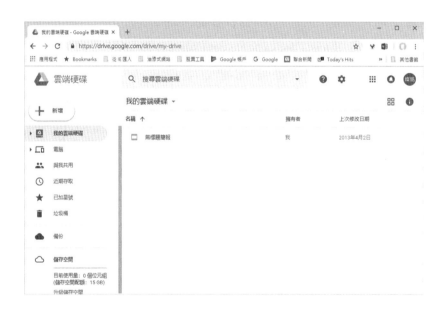

CHAPTER

7

### 7-2-1 雲端硬碟的特點

　　前面簡介了Google雲端硬碟的基本特性，同時也介紹了如何申請Google帳戶以獲取免費的雲端硬碟，接著我們整理出Google雲端硬碟的特點摘要：

### ■ 與他人共用檔案協同合作編輯

　　雲端硬碟中的文件、試算表和簡報，也可以邀請他人查看、編輯您指定的檔案、資料夾或加上註解，輕鬆與他人線上進行協同作業。如果要建立或存取Google文件、Google試算表和Google簡報，也可以透過下列網址存取各個主畫面：

---

Google文件： https://docs.google.com/document/u/0/

Google試算表：https://docs.google.com/spreadsheets/u/0/

Google簡報：https://docs.google.com/presentation/u/0/

---

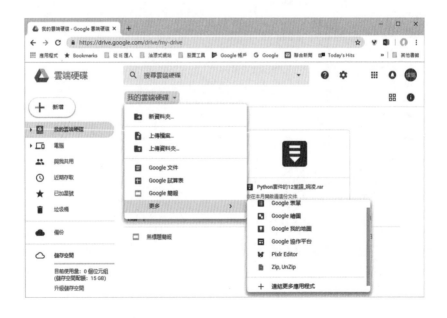

　　上圖中我們可以看到在主畫面不僅可以建立各種Google文件、Google試算表、Google簡報外,還可以在本地端電腦上傳檔案或資料夾到雲端硬碟上。

## ■ 連結到雲端硬碟應用程式

　　除此之外,在Google雲端硬碟還可以連結到超過100個以上的雲端硬碟應用程式,這些實用的軟體資源,可以幫助各位豐富日常生活中許多的工作、作品或文件,要連結上這些應用程式,可於上圖中點選「連結更多應用程式」指令,就會出現下圖視窗供各位將應用程式連接到雲端硬碟。

　　如果各位要上傳檔案或資料夾到Google雲端硬碟,除了在主畫面中從「我的雲端硬碟」下拉的功能選單中執行「上傳檔案」或「上傳資料夾」指令外,假設您的瀏覽器是最新版的Chrome或Firefox,還可以將檔案從本地端電腦直接拖曳到Google雲端硬碟的資料夾或子資料夾內。

### ■ 利用線上表單進行問卷調查

除了建立文件外，Google雲端硬碟上的Google表單應用程式可讓您透過簡單的線上表單進行問卷調查，並可以直接在試算表中查看結果。

### ■ 整合Gmail郵件服務集中重要附件

雲端硬碟也將Gmail郵件服務功能整合在一起，如果要將Gmail的附件儲存在雲端硬碟上，只要將滑鼠游標停在Gmail附件上，然後尋找「雲端硬碟」圖示鈕，這樣就能將各種附件儲存至更具安全性且集中管理的雲端硬碟。

在此儲存

## 7-3 Google相簿

目前Google相簿軟體包含手機版App、電腦上傳工具以及網頁版。在Google相簿中，可以使用「Google相簿上傳軟體」來自動上傳照片到雲端相簿，Google相簿支援Windows、Mac、Android與iOS平台。各種版本軟體下載網址如下：

https://photos.google.com/apps

　　以上圖中的「備份與同步處理」為例，它能自動備份Mac或電腦、已連線的相機和SD卡上的相片，當軟體下載完畢後，在安裝的過程中，會要求以Google帳戶登入，如果您沒有Google帳戶，請到Google首頁申請一組帳戶。

使用Google相簿前必須以Google帳戶登入

CHAPTER

7

登入Google帳戶後，會自動進行相片備份，全新的「Google相簿」可以無限容量上傳照片與影片。Google相簿的智慧型照片整理功能，可以依據日期或事物主題自動分類照片，對不太喜歡手動分類相簿的使用者而言，就將該相片分類工作交給Google相簿即可。另外，在Google相簿如果想手動分類照片，只要先上傳照片，在Google相簿網頁版中勾選想要分類的照片，點擊右上方的「+建立」，就能把照片分類到新的相簿中。

在Google相簿網頁版中可以手動方式將相片分類

## 7-3-1 Google相簿功能簡介

按下Google相簿官網https://photos.google.com/相片左側的 ≡ 功能表鈕，可以呼叫出Google相簿功能表，如下圖所示：

Google相簿功能表

## ■ 小幫手

小幫手會自動分析我們的照片、推薦各種照片特效,例如可以將多張照片組合成全景。

小幫手可運用相簿的各項功能

### ■ 相簿

　　Google相簿會依據時間地點、加上地圖與情境描述，自動製作成一本一本故事相簿，這種自動分類的強大功能，對於懶得整理照片的朋友來說，真是再方便不過。

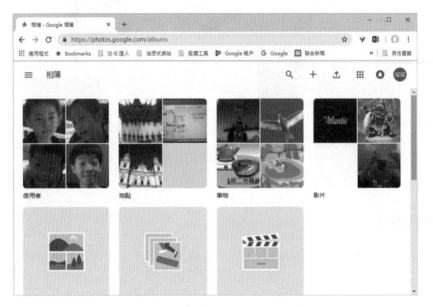

功能強大的自動相簿、自動分類

　　另外在Google相簿中不需要事先幫照片建立分類資料夾，或幫照片下標籤與說明，當需要某類型照片時，只要利用關鍵字搜尋，Google就會判斷照片內容，自動幫我們找出這些照片。

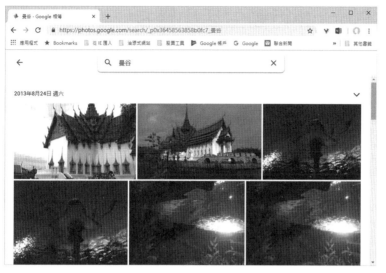

透過關鍵字可以自動搜尋圖片

## ■ 共用相簿

　　新版Google相簿建立「共用相簿」，可以讓朋友或親朋好有們在同一個雲端相簿上傳各自的照片，共同分享喜悅與整理。

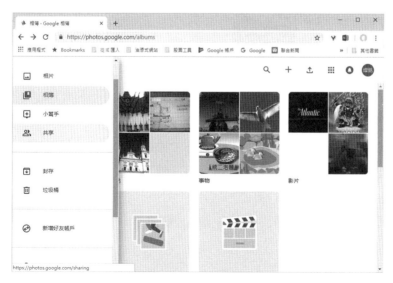

共用相簿讓親朋好友們的歡樂相片齊聚一起

# 7-4 Google行動生活小密技

　　當各位使用行動版的Chrome瀏覽器，事實上和電腦版的操作大同小異。你可直接在搜尋列上輸入搜尋的關鍵字，也可以直接輸入要查詢的網址，而右上角的「更多」⋮鈕則提供更多的設定內容。

顯示下拉式選單

分頁切換

由此輸入搜尋的關鍵字或網址

Google向你推薦的新聞以方塊方式顯示

## 7-4-1 常用網站加到手機主畫面

　　有些網站是你每天必定造訪的地方，像這樣的網站或網頁乾脆把它加到手機的畫面上，這樣只要在手機桌面上按下該網站的圖示鈕，就可以立即開啓。

　　請由Chrome瀏覽器的搜尋列上輸入關鍵字，並找到經常瀏覽的網站

首頁，如左下圖所示。接下來按下右上角的「更多」 ⋮ 鈕，於顯示的清
單中點選「加到主畫面」指令，當出現「加到主畫面」的對話框時，直接
按下「新增」鈕就可搞定。如右下圖所示：

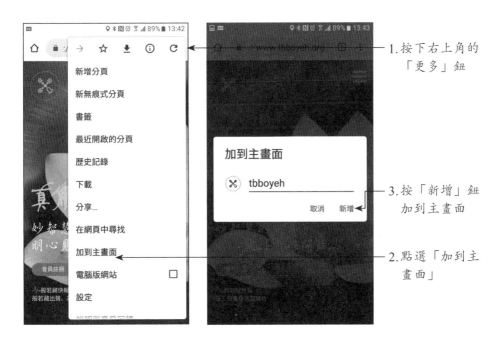

1. 按下右上角的
「更多」鈕

3. 按「新增」鈕
加到主畫面

2. 點選「加到主
畫面」

　　完成如上的設定後，當你在手機下方按下「Home」鍵，就可以在桌
面上看到剛剛加入的網站圖示。

剛剛加入的網站圖示鈕

### 7-4-2 貼心的書籤功能

　　在使用瀏覽器時，大家都知道可以透過「書籤」功能將經常瀏覽的網頁加至書籤中，以加快下次瀏覽的速度。但是你知道手機中的「書籤」可包含「行動版書籤」和電腦版的「書籤列」兩種嗎？

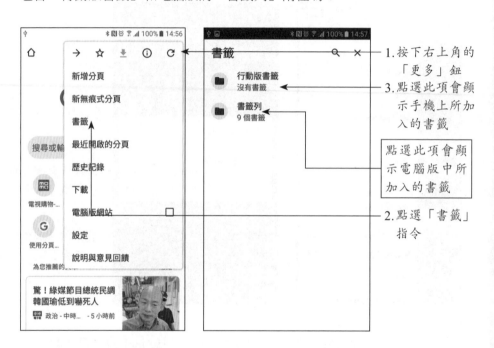

　　如右上圖所示，「書籤列」中的書籤是已經存放在你桌上型電腦中的書籤，所以當你想要快速瀏覽某個網頁，只要它已經加入到你的書籤中，就可以從清單中快速選取。

### 7-4-3 常用網頁加入書籤

　　當你利用智慧型手機搜尋到特定網站時，也可以自行依據需求和習慣，來選擇將網站加到「行動版書籤」或是電腦的「書籤列」。如下所示，當你按下星星圖示後，手機底端會顯示書籤加入的位置，預設值是加入至「書籤列」，如果不是你要的存放位置，可立即按下「編輯」鈕進行

變更。

1. 找到網站後，按下右上角的「更多」鈕
2. 點選此鈕使加入書籤
3. 跳出訊息欄，顯示存放的位置。要變更書籤位置則按下「編輯」鈕

　　當你按下藍色的「編輯」鈕後會進入「編輯書籤」畫面，點選「資料夾」的名稱即可進行切換。

按此處進行資料夾的切換

### 7-4-4 新增／刪除分頁

對於經常造訪的網頁，除了使用「加到主畫面」和「書籤」的方式來快速開啓外，也可以使用「新增分頁」的方式來管理。手機上有幾個分頁，可從瀏覽器右上角看到。如左下圖所示，目前有兩個分頁，點選「分頁切換」鈕，即可進行網頁的切換。

1.按下「分頁切換」鈕

2.顯示所有的分頁，直接點選就可切換到該網頁

不再使用的分頁可以按此鈕刪除

要新增分頁並不難，在開啓該網頁後按下右上角的「更多」⋮鈕，接著選擇「新增分頁」指令，那麼「分頁切換」鈕中的數值就會自動 +1。

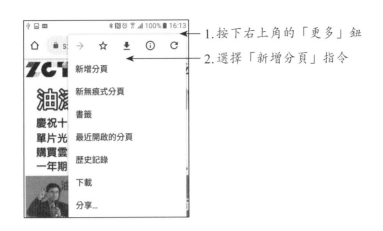

1.按下右上角的「更多」鈕

2.選擇「新增分頁」指令

　　新增分頁後，下回開啓Chrome瀏覽器時，搜尋列下方也會顯示圓形的圖示鈕，方便你快速進入該網站。如果圖示鈕不再使用到，只要長按該圖示鈕，再選擇「移除」指令即可移除。

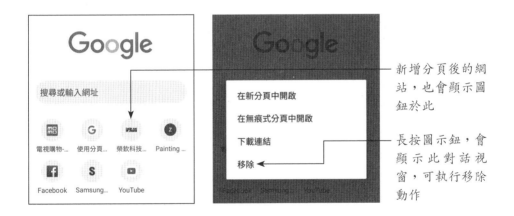

新增分頁後的網站，也會顯示圖鈕於此

長按圖示鈕，會顯示此對話視窗，可執行移除動作

## 7-4-5 語音進行搜尋

　　搜尋網頁也可以不用輸入文字，只要在搜尋列上按下 🎤 鈕，就會出現「聽取中」的畫面，此時對著手機說出想要搜尋的關鍵詞語，就能下達指令讓手機開始進行搜尋。通常發音只要標準些，都可以順利找到你要搜

尋的關鍵詞語，不會出現雞同鴨講的情況。

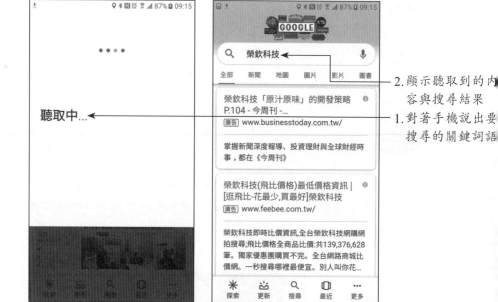

2. 顯示聽取到的內容與搜尋結果

1. 對著手機說出要搜尋的關鍵詞語

# 7-5 YouTube的影音王國

　　YouTube是設立在美國的一個線上影音網站，這個網站可以讓使用者上傳、觀看及分享影片，這樣的網上影片分享平台，也成為任何一位網友網上影音創作的最佳平台。YouTube是影音平台的首選，更是全球最大的線上視頻服務提供商，使用者可透過網站、行動裝置、網誌、臉書和電子郵件來觀看分享各種五花八門的影片。

## 7-5-1 YouTube影片搜尋

　　YouTube吸引了一群伴隨網路成長的世代，只要能夠上網，每個人都可以尋找有關他們嗜好和感興趣的影片，只要註冊，使用者就能

在YouTube社群上參與與上傳自己發現或製作的影片。各位可以直接由「Google應用程式」進入YouTube，在YouTube上要搜尋一段影片是相當簡單，只要輸入所要查詢的關鍵字時，查詢結果會先跑出完全符合或部分符合關鍵字的影片：

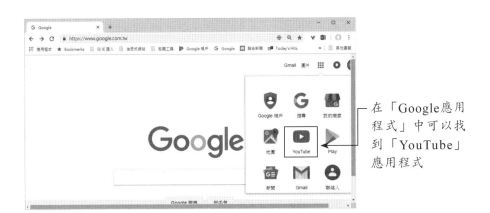

在「Google應用程式」中可以找到「YouTube」應用程式

在此輸入要搜尋的關鍵字，就會跑出一堆完全符合或部分符合關鍵字的影片

https://www.youtube.com/?gl=TW

CHAPTER

7

　　如果各位想要更精確的搜尋結果，建議先輸入「allintitle:」，後面再接關鍵字，就會讓搜尋結果更符合你所要搜尋的結果，如下圖所示：

## 7-5-2 YouTube影片下載

　　YouTube內的影片資源相當多，當中不乏許多相當優質的影音的作品，不過所有影片都必須上網連線才能觀看。對於長期使用YouTube影音空間服務的使用者來說，當看到喜愛的影片時，在不侵犯他人著作權的前提下，我們可以利用像Freemake Video Downloader、YouTube Downloader等影片下載軟體，來進行下載保存。就以Freemake Video Downloader為例，它是一套免費的軟體，可以從YouTube下載視訊影片及設定成自己想要的視訊格式。下面二圖為Freemake Video Downloader及YouTube Downloader的下載網址：

http://www.freemake.com/tw/free_video_downloader/Freemake Video Down-
loader下載網頁

https://www.youtubedownloaderhd.com/YouTube Downloader下載網頁

接下來就以YouTube Downloader為例，為各位示範如何進行YouTube影片下載的功能。其實這些軟體或網站下載YouTube影片的作法大同小異，不外乎事先取得YouTube影片的網址，再將該網址複製貼上給這類的軟體的指定位置，最後再按下載鈕就可以開始下載。

首先請先在YouTube複製要下載影片的網址，請先選取網址後執行快顯功能表的「複製」指令或按下快速鍵「Ctrl+C」網站複製想要下載的影片網址，接著啟動「YouTube Downloader HD」軟體，按快速鍵「Ctrl+V」將網址貼到「Video URL」的框框中，然後按「Download」鈕

影片下載完畢後，請按下「OK」鈕。

接著開啓所下載所在位置的資料夾，就可以看到所下載的影片。

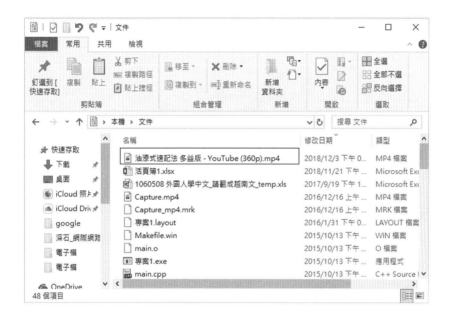

用滑鼠左鍵快點兩下，就可以開啓所下載的影片，如下圖所示：

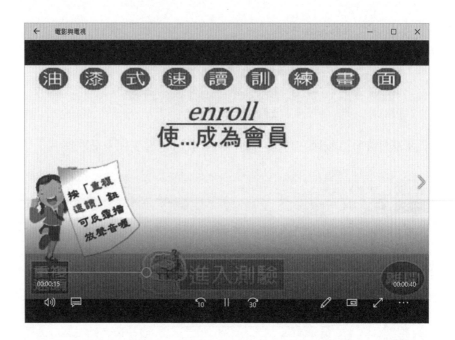

### 7-5-3 YouTube影片上傳

　　各位學會了下載影片的方式後，也可以準備將自製的行銷影片上傳到YouTube網站上。首先當然要有一個Google帳號，申請帳戶後，即可由YouTube網站的右側進行「登入」的動作：

1. 首先輸入You-Tube網址

2. 按此鈕可登入帳戶，或是新增帳戶

登入個人帳戶後，右側就會看到  圖示，透過該鈕即可進行登出、或是個人帳戶的管理。如下圖示：

請各位將自製的影片準備好，我們準備上傳影片。

**1**

**2**

按此鈕選取要上傳的檔案

由此下拉選擇檔案是否要公開

**3**

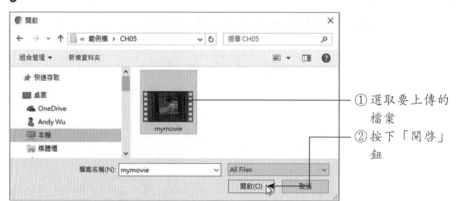

① 選取要上傳的檔案
② 按下「開啟」鈕

**4**

③ 按此鈕發佈影片
① 由此設定影片名稱
② 設定影片的縮圖

**5**

②按此鈕返回編
　輯模式
①顯示該影片的
　網址，可供各
　位直接做連結
　或推廣

# 本章習題

1. 簡述Google的三種布林運算搜尋符號。

2. 試簡述Google雲端硬碟的特性與優點。

3. 簡述Google地球的功能。

4. 簡述Google地圖的功能。

5. 舉出至少五種Google應用程式。

6. Google相簿支援哪些平台？

7. 試簡述「Google雲端教室」的功能。

8. 試簡述「Google Sites」的功能。

CHAPTER

7

# 第八章

# 最強 Google 文書處理
# 實用密技

　　由於在雲端運算架構中，伺服器並不會在乎你的電腦的運算能力，你只需要上網登錄Google瀏覽器，就可以具備Office辦公室軟體所擁有的類似效果。Google公司所提出的雲端Office軟體概念，稱為Google文件軟體（Google docs），可以讓使用者以免費的方式，透過瀏覽器及雲端運算來編輯文件、試算表及簡報。將檔案儲存在雲端上還有另外一個好處，那就是你能從任何設有網路連線和標準瀏覽器的電腦，隨時隨地變更和存取文件，也可以邀請其他人一起共同編輯內容，相當便利。

　　所謂的「文件」，通常是指公文書信或是文章，現今網路時代，文件指的則是「檔案」，特別是利用文書處理軟體所製作的文件檔，這些文件的製作大都仰賴文書處理軟體來編輯，像是記事本、Word Pad、Microsoft Word等，然而現在Google提供了免費的文件處理軟體，只要你能連上Google網站就可以開始編輯文件，不管是格式的設定、圖片的加入、表格的處理，各位都可以輕鬆做到。

# 8-1 Google文件編輯神器

　　要使用「Google文件」來編輯你的文件並不難，因為它的操作方式和Word軟體雷同，只是透過雲端來編輯文件而已，只要會從雲端開啟Google文件，你就可以進行文件管理和格式設定。

## 8-1-1 從雲端啟用Google文件

　　當各位開啟Chrome瀏覽器後，由視窗右上角按下 ▦ 鈕，先點選「更多」，之後就可以看到「文件」的圖示，點選該圖示就可以啟動該應用程式。

**1**

①按此鈕

②下拉選擇「更多」，再點選「文件」圖鈕

**2**

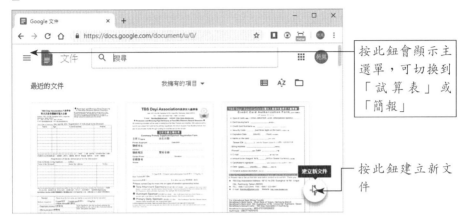

按此鈕會顯示主選單，可切換到「試算表」或「簡報」

按此鈕建立新文件

**TIP：開啟新文件**

> 如果視窗中已有編輯的文件，想要重新建立一個新文件，可從「檔案」功能表下拉選擇「新文件」指令，再從副選項中選擇文件、試算表、簡報、表單、繪圖。

## 8-1-2 文件輸入與格式設定

進入「Google文件」的應用程式後，按下右下角的圓形「+」鈕，就可以建立空白文件。其顯示的視窗環境簡要說明如下：

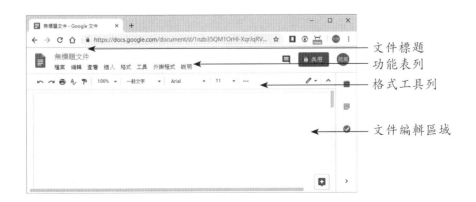

文件標題
功能表列
格式工具列
文件編輯區域

CHAPTER
8

**TIP：文件頁面設定**

> 　　新建文件後，使用者可以利用「檔案」功能表來自行設定頁面的方向、紙張大小或頁面顏色，也可以自訂文件的邊界，或是將設定頁面設為預設值，這樣以後開啟的文件就能符合個人的需要。

　　由於Google文件的變更都會自動儲存在雲端上，使用者只要點選左上角輸入文件標題即可，不用特地做存檔的動作，而按一下文件編輯區域，即可開始輸入文字內容。要設定文字格式或段落樣式，可在選取範圍後由「格式工具列」進行編修。

1. 由此變更文件名稱
4. 再由「格式工具列」進行格式設定
3. 選取文字範圍
2. 按一下文件編輯區域即可輸入文字

　　除了「格式工具列」可設定樣式外，「格式」功能表也有提供文字、段落樣式、對齊與縮排、行距、欄、項目符號與編號、頁首頁尾等設定。若文件中需要插入水平線、特殊字元、方程式等，則可由「插入」功能表進行插入。

## 8-1-3 善用「語音輸入」工具編撰教材

對於平常少用電腦的老師來說，要將課程內容數位化是件苦差事，因為鍵盤的不熟練，光是打字可能就要耗費許多的精力，如果老師會使用「文件」中的「語音輸入」工具，就可以省下許多打字的功夫。

很多筆記型電腦都有內建麥克風的功能，如果是桌上型電腦，必須先將麥克風與電腦連接，然後執行「工具／語音輸入」指令開啓麥克風功能，按下麥克風按鈕，Google文件就會自動把各位說的話顯示在文件當中。

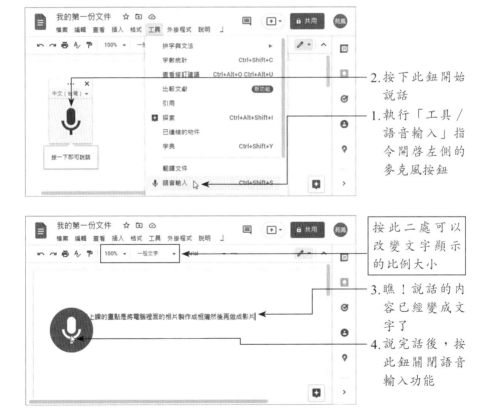

2. 按下此鈕開始說話

1. 執行「工具／語音輸入」指令開啓左側的麥克風按鈕

按此二處可以改變文字顯示的比例大小

3. 瞧！說話的內容已經變成文字了

4. 說完話後，按此鈕關閉語音輸入功能

　　語音轉成文字後，只要透過「工具列」將「一般文字」變更爲「標題」，或是縮放文字的顯示比例，如此一來，老師以「分頁」方式分享螢幕，學生都可以清楚看見文件中所顯示的內容。

## 8-1-4 切換輸入法與插入標點符號

　　老師在Google文件上所編輯的內容都會自動儲存在雲端上，所以不用特地做存檔的動作，只要在文件編輯區域中設定文字的插入點，即可透過語音輸入或文字輸入的方式來編輯文件內容。

　　Google文件的輸入法有注音、漢語拼音、倉頡、中文（繁體）等方式，由「工具列」按下「更多」 <span> ••• </span> 鈕，再點選「選取輸入工具」 <span> ✐ </span> 就可以設定慣用的輸入方式，其中點選「中文（繁體）」的選項將會顯現常用的標點符號讓各位選擇插入。

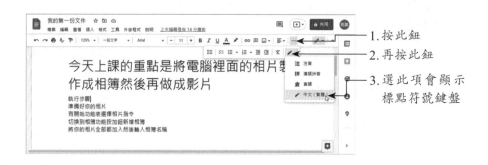

4.點選圖示鈕就可加入標點符號

各位不妨將輸入法切換到「中文（繁體）」，如此一來既可以注音輸入文字，也可以隨時按點圖鈕來加入標點符號。

# 8-2 插入圖片功能

圖文並茂的文件是最能夠讓人賞心悅目的，要從「Google 文件」的應用程式中插入圖片，各位有如下六種方式，只要從「插入」功能表中執行「圖片」指令，就可以看到這幾種插入方式。

### 8-2-1 上傳電腦圖片

　　要使用的圖片如果是存放在電腦上，執行「插入／圖片／上傳電腦中的圖片」指令後，只要在「開啓」的視窗中選取圖片縮圖，按下「開啓」鈕即可插入至Google文件中。圖片插入後，只要圖片被選取的狀態下，即可進行縮放大小，或是設定圖片與文字的關係。

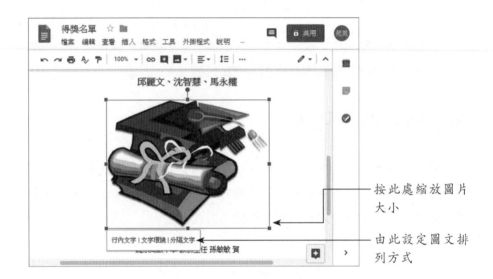

　　　　　　　　　　　　　　　　　　　　　　　　按此處縮放圖片大小

　　　　　　　　　　　　　　　　　　　　　　　　由此設定圖文排列方式

### 8-2-2 搜尋網路圖片

　　如果你沒有現成的圖片可以使用，那麼就到網路上去進行搜尋吧！執行「插入／圖片／搜尋網路圖片」指令，會在Google文件右側顯示「搜尋Google圖片」的窗格，輸入你想搜尋的關鍵文字，當Google圖片列出搜尋的結果後，只要點選想要的圖片，在由窗格下方按下「插入」鈕，即可插入插圖。

1.由此輸入關鍵文字

2.選取要使用的縮圖

3.按此鈕進行插入

## 8-2-3 從雲端硬碟插入圖片

　　如果你有使用雲端硬碟的習慣，也可以直接從Google雲端硬碟進行插入。執行「插入／圖片／雲端硬碟」指令，文件右側立即顯示你的雲端硬碟，請從資料夾或檔案中找到要使用的圖片進行插入。同樣的，執行「插入／圖片／相簿」指令則是顯示你的Google相簿，讓你從相簿中插入圖片。

執行「插入／圖片／雲端硬碟」指令會將Google雲端硬碟顯示在右側的窗格中

### 8-2-4 使用網址上傳圖片

執行「插入／圖片／使用網址上傳」指令，則是提供欄位讓用戶將圖片所在網址貼入欄位中。此種方式必須確認自己是否擁有圖片的合法使用權，或者在文件裡要適當地標示出圖片來源位置。

## 8-3 插入繪圖

Google文件也可以插入繪製的圖案，執行「插入／繪圖／新增」指令，它會開啟「繪圖」視窗，讓使用者利用各種的「線條」工具或「圖案」工具來繪製圖形，也可以利用「文字方塊」來插入文字，甚至是直接插入圖片。

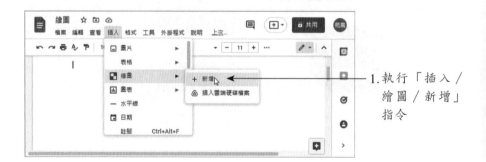

1.執行「插入／繪圖／新增」指令

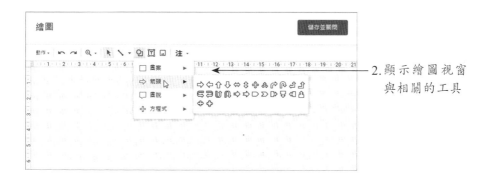

2.顯示繪圖視窗
與相關的工具

## 8-3-1 插入圖案與文字

首先我們利用「圖案」🗗 工具來繪製基本造型。「圖案」工具包含了「圖案」、「箭頭」、「圖說」、「方程式」等類別，功能鈕和Word軟體相同，所以選定要使用的工具鈕，就可以在頁面上畫出圖形。

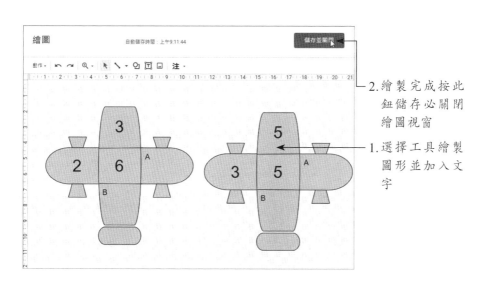

2.繪製完成按此
鈕儲存必關閉
繪圖視窗

1.選擇工具繪製
圖形並加入文
字

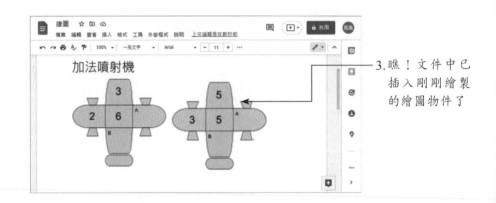

3. 瞧！文件中已
插入剛剛繪製
的繪圖物件了

## 8-3-2 複製與編修繪圖

在繪製圖形後，相同的圖案可在文件中執行「複製」與「貼上」指令
使之複製物件，屆時點選繪圖物件左下角的「編輯」鈕即可修改圖案。如
下圖所示：

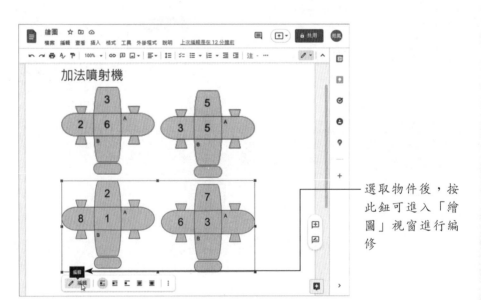

選取物件後，按
此鈕可進入「繪
圖」視窗進行編
修

### 8-3-3 文字藝術的應用

　　在插入「繪圖」時，各位還可以在視窗裡利用「動作」功能表中的「文字藝術」功能來加入具有藝術效果的文字，此功能可以縮放文字、旋轉傾斜文字、變更顏色，讓文字變得更出色，視覺效果更強眼。使用技巧如下：

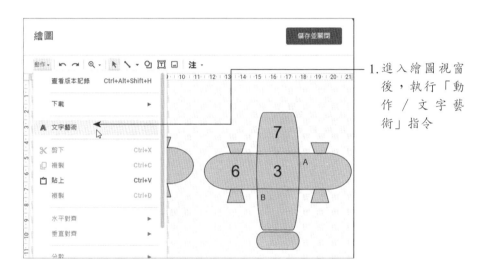

1. 進入繪圖視窗後，執行「動作 / 文字藝術」指令

2. 輸入標題文字，按下「Enter」鍵

**CHAPTER**

**8**

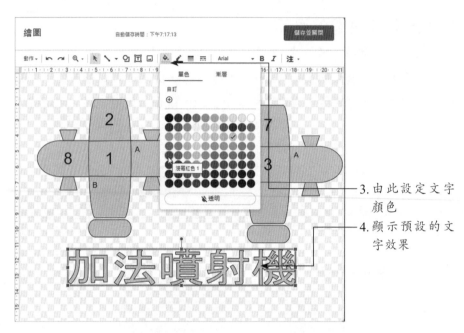

3. 由此設定文字顏色

4. 顯示預設的文字效果

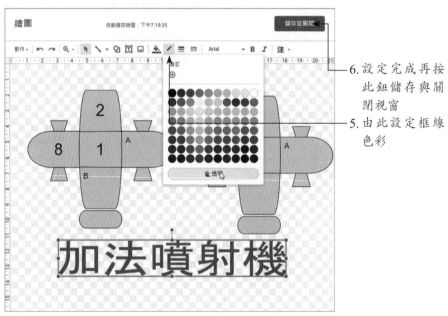

6. 設定完成再按此鈕儲存與關閉視窗

5. 由此設定框線色彩

# 8-4 表格應用不求人

　　在文件編輯方面,表格可以將複雜的資訊自由組裝在一起,讓文件看起來更整齊美觀。在Google文件中,「表格」功能可增減欄列、對齊、插入圖文、表格中插入表格、或是表格／儲存格的網底樣式等都是一一俱全。

## 8-4-1 文件中插入表格

　　Google文件中要插入表格,從「插入」功能表中執行「插入表格」指令,就可以使用滑鼠來拖曳出所要的欄列數,如此一來,表格就會顯現在文件上。現在我們準備插入1欄2列的表格。

**1**

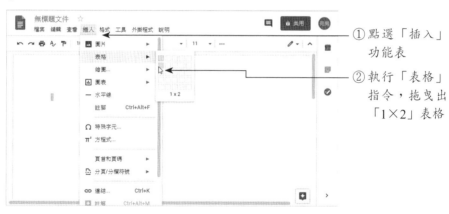

① 點選「插入」
　功能表

② 執行「表格」
　指令,拖曳出
　「1×2」表格

**2**

—— 顯示插入的表格

### 8-4-2 儲存格插入技巧

　　表格內可以進行文字編輯，必須先將插入點移至表格內的儲存格，即可輸入文字。按下「Tab」鍵會移到右方或下一個儲存格，如果是在表格最後的一個儲存格時，按下「Tab」鍵會自動新增一列的儲存格。

　　除了加入文字，也可以插入美美的圖片，只要將滑鼠移到欲插入圖片的儲存格中，然後由「插入」功能表中選擇「圖片」指令，即可選取要插入的圖片，而插入的圖片可以透過四角的控制鈕來調整圖片的尺寸比例。你也可以在表格中放入另一個表格，使變成巢狀式表格，如下圖所示。

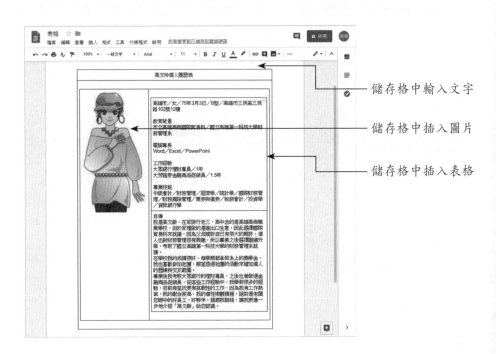

### 8-4-3 儲存格的增加／刪減

　　在繪製表格的過程中，萬一需要增加欄／列的數目，或是有多餘的欄／列想要刪除，可以透過「格式」功能表來選擇要執行的表格指令。

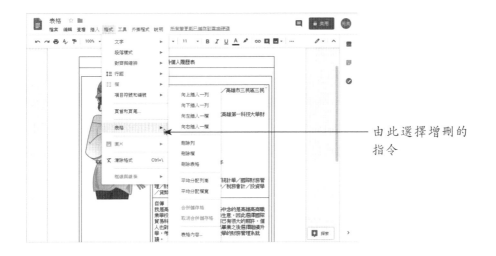

由此選擇增刪的指令

## 8-4-4 輕鬆設定表格內容

　　表格中的文字格式設定，事實上和一般文字的格式設定完全相同，都是透過「格式」工具列或是「格式」功能表來處理。另外還可以利用「表格內容」的指令，來對儲存格底色或是表格框線做設定。請執行「格式／表格／表格內容」指令，就會看到如下的設定視窗。

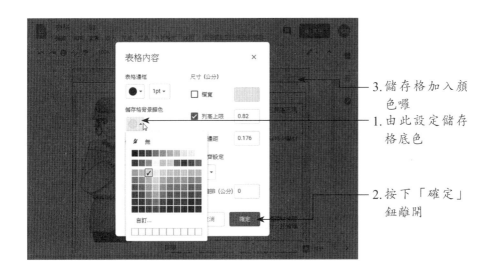

3. 儲存格加入顏色囉

1. 由此設定儲存格底色

2. 按下「確定」鈕離開

### 8-4-5 表格選取方式

　　要編輯表格哪些範圍，必須事先告知Google文件，我們才可以精確執行所要進行的編輯工作。表格選取有分底下四種情況：

　　選取單一儲存格：將滑鼠移到要選取的儲存格，按左鍵兩下就可以選取該儲存格。如果要取消選取，只要在其它沒有被選取的區域按一下滑鼠左鍵就可以取消選取該儲存格。

| | | | | | | |
|---|---|---|---|---|---|---|
| | | | | | | |
| | | | | | | |
| | | | | | | |

　　選取列：將滑鼠游標移到該列最左側儲存格，往右拖曳到最右側儲存格就可以選取該列，如果要選取多列，只要按住滑鼠左鍵不放往上或往下拖曳滑鼠就可以一次選取多列。

| | | | | | | |
|---|---|---|---|---|---|---|
| | | | | | | |
| | | | | | | |
| | | | | | | |

　　選取欄：將滑鼠游標移到該列最上方儲存格，往下拖曳到最下面儲存格就可以選取該欄，如果要選取多欄，只要按住滑鼠左鍵不放往左或往右拖曳滑鼠就可以一次選取多欄。

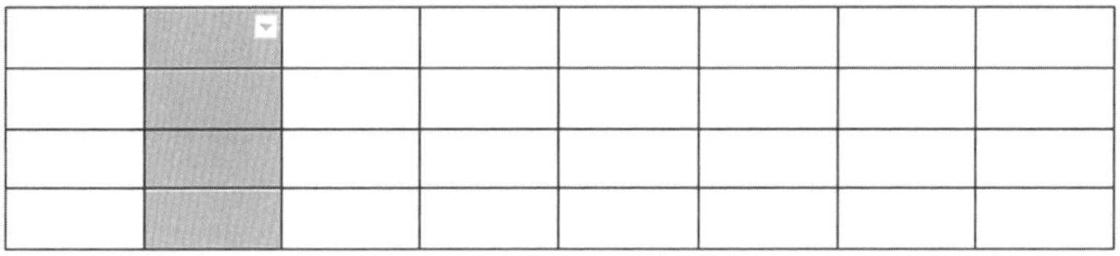

<table>
<tr><td></td><td></td><td></td><td></td><td></td><td></td><td></td></tr>
<tr><td></td><td></td><td></td><td></td><td></td><td></td><td></td></tr>
<tr><td></td><td></td><td></td><td></td><td></td><td></td><td></td></tr>
<tr><td></td><td></td><td></td><td></td><td></td><td></td><td></td></tr>
</table>

選取矩形範圍：將滑鼠移動到表格矩形範圍的左上角儲存格，按住滑鼠左鍵往表格矩形範圍右下角儲存格拖曳，就可以選取該表格矩形範圍。如果選取整個表格，則從表格最左上角儲存格拖曳到表格最左上角儲存格。

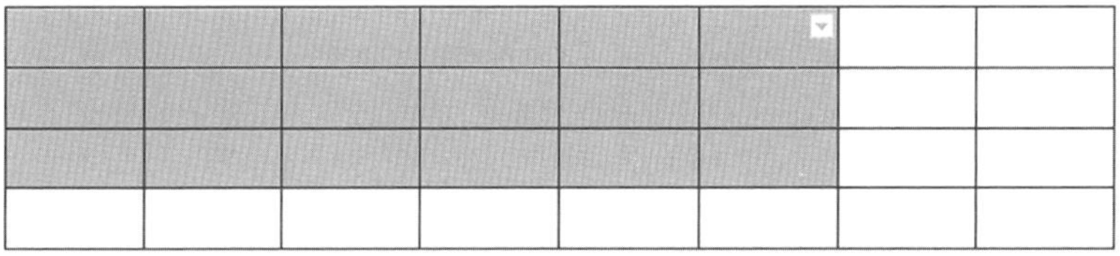

<table>
<tr><td></td><td></td><td></td><td></td><td></td><td></td><td></td></tr>
<tr><td></td><td></td><td></td><td></td><td></td><td></td><td></td></tr>
<tr><td></td><td></td><td></td><td></td><td></td><td></td><td></td></tr>
<tr><td></td><td></td><td></td><td></td><td></td><td></td><td></td></tr>
</table>

## 8-4-6 編修表格欄寬與列高

如果表格的欄寬與列高不符合自己的需求，在Google文件的「格式／表格」指令中可以協助各位變更表格中的欄寬或列高。例如下圖中功能表中的「平均分配列高」及「平均分配欄寬」可以自己平均調整表格欄寬與列高。

CHAPTER

8

## 8-4-7 在表格中插入圖片

　　除了加入文字，也可以插入美美的圖片，只要將滑鼠移到欲插入圖片的儲存格中，然後由「插入」功能表中選擇「圖片」指令，即可選取要插入的圖片，而插入的圖片可以透過四角的控制鈕來調整圖片的尺寸比例。你也可以在表格中放入另一個表格，使變成巢狀式表格，如下圖所示。

儲存格中輸入文字

儲存格中插入圖片

儲存格中插入表格

## 8-4-8 表格自動排序

表格中的資料也可以進行排序，這些功能都可以在「格式／表格」指令中找到，可以允許各位以遞增或遞減的方式將表格內的資料自動排序，例如下圖中我們在表格中最後一欄設定了4筆資料，只要執行了「以遞增方式排序表格」指令後，各位就可以發現表格中的資料已由小到大排序。

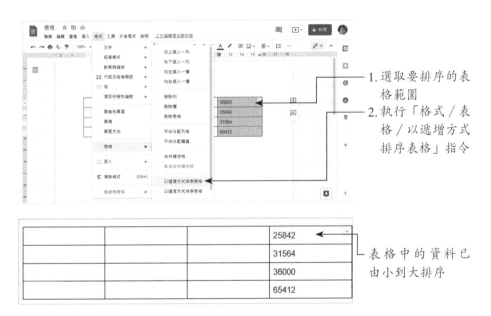

1. 選取要排序的表格範圍
2. 執行「格式／表格／以遞增方式排序表格」指令

| | | | 25842 |
|---|---|---|---|
| | | | 31564 |
| | | | 36000 |
| | | | 65412 |

表格中的資料已由小到大排序

另外我們可以利用表格的「自動排序」新功能來調整，只要將游標移動到不同的欄，可以根據該欄的資料進行自動排序。另外Google文件的表格「自動排序」功能，還能依資料類型自動分類，各類別再依數值大小依指定方式進行排列。要使用Google文件的自動排序功能，首先請先把游標移動到欄的最上方，就可以使用「遞增排序」或「遞減排序」。如下圖所示：

| 分公司 | 業務人員 | 產品名稱 | 業績 |
|---|---|---|---|
| | | | 遞增排序 |
| | | | 遞減排序 |
| 台北 | 許大慶 | 多益 | |
| 台中 | 蔡中信 | 日文 | |
| 高雄 | 陳思婷 | 法語 | 148000 |
| 高雄 | 陳思婷 | 法語 | 18000 |
| 台北 | 許大慶 | 多益 | 36000 |
| 台中 | 蔡中信 | 日文 | 58000 |
| 高雄 | 陳思婷 | 法語 | 148000 |
| 台北 | 許大慶 | 多益 | 60000 |
| 台中 | 蔡中信 | 日文 | 120000 |
| 高雄 | 陳思婷 | 法語 | 148000 |
| 台北 | 許大慶 | 多益 | 60000 |
| 台中 | 蔡中信 | 日文 | 120000 |
| 高雄 | 陳思婷 | 法語 | 148000 |
| 高雄 | 陳思婷 | 法語 | 148000 |
| 台北 | 許大慶 | 多益 | 60000 |

# 8-5 提升文件處理功能祕訣

　　「Google文件」除了一般的文書、表格等處理功能外，還有一些不錯的用途，例如：翻譯文件、與他人共用文件、以電子郵件附件傳送他人等，在此一併做說明。

## 8-5-1 翻譯文件

　　很多時候我們需要將文件翻譯成特定的語言，尤其是最新的科技資訊大都是國外文件，英文或許還看得懂，但是其他國的文字未必就能了解，或者是中文文件想翻譯成特定的語言，這時候肯定需要「翻譯」工具的幫忙。

　　當你在「Google文件」的程式中開啓文件後，執行「工具 / 翻譯文件」指令會看到如下的視窗畫面。

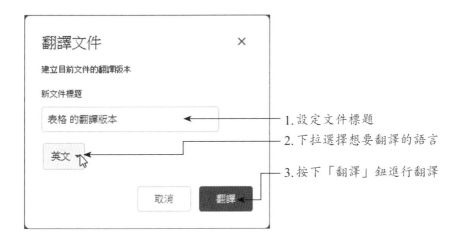

## 8-5-2 與他人共用文件

　　所編輯的文件如果需要和其他人一起共用，使他人也可以開啓該文件。那麼可以使用「共用」的功能。「共用」功能位在視窗右上角，預設值鎖住狀態──僅供我使用。如下圖所示：

　　按下「共用」鈕後會看到如下的視窗，與他人共用的方式有下面兩種方式：

➢ 按下視窗右上角的「連結」🔗 鈕，使複製連結並開啓連結共用設定。
　接著按下「完成」鈕，再將剛剛複製的連結直接按「Ctrl」＋「V」鍵貼給共用者即可。

> 直接在視窗上輸入共用者的電子郵件地址,並從後方設定對方的使用權限,按下「傳送」鈕傳送資料。

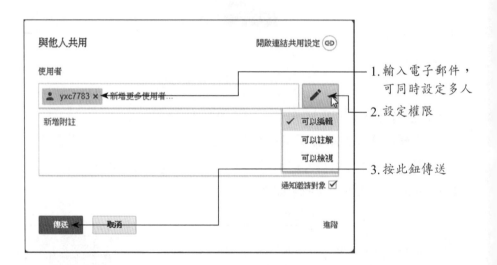

## 8-5-3 以電子郵件附件傳送他人

　　Google文件編輯完成的文件,也可以透過「檔案／以電子郵件附件傳送」指令來送給其他人。其附件格式可選用PDF、docx、RTF、HTML、純文字、開啟文件、或是將項目本身貼到電子郵件中,填妥收件者的電子郵件信箱後,再輸入想要表達的資訊後,即可按下「傳送」鈕傳送郵件。

以電子郵件附件傳送

附件類型
PDF ▾

收件者 (必填)
yxc7783@mail.zct.com.tw

主旨
得獎名單

郵件
這是要公布的內容, 請查收.

☐ 傳送副本給自己

傳送    取消

CHAPTER

8

# 本章習題

1. 試簡述什麼是Google文件軟體。

2. 如果視窗中已有編輯的文件，如何才能重新建立一個新文件？

3. 請舉出至少3種要從「Google文件」的應用程式中插入圖片的方式。

# 第九章

# 活學活用高效 Google 試算表

　　現代人的生活可以說跟數字息息相關，從公司的財務報表、資產負債表、家庭預算計畫與學生成績統計等，每天都必須處理數字資料與金融資訊。「試算表」是一種表格化的計算軟體，能夠以行和列的格式儲存大量資料，幫助使用者進行繁雜的資料計算和統計分析，以製作各種複雜的電子試算表文件，而Google試算表是一套免費的雲端運算軟體，使用者可透過瀏覽器檢視、編輯或共同處理試算表資料，不僅完全免費，而且所有運算及檔案儲存都在雲端的電腦完成。

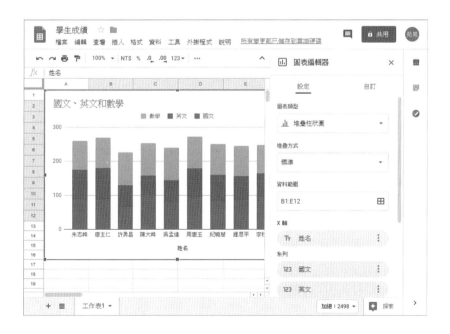

# 9-1 編輯功能輕鬆學

利用雲端版的Google建立試算表後,不僅可以提供個人進行試算表的應用與編輯,還可以透過「共用」功能提供給親朋好友,只要移動到想要建立連結的工作表,複製網址欄中的網址,然後將連結傳送給具存取權的給檢視者或編輯者即可。此章我們將針對Google試算表做說明,讓各位也能輕鬆使用它。首先我們針對試算表的建立與基礎編輯做說明,讓各位也能編修試算表的資料。

## 9-1-1 建立試算表

要使用Google試算表,請在進入「Google文件」後,由左上角的「主選單」 ≡ 鈕下拉選擇「試算表」指令,接著點選右下角「+」鈕,即可顯示空白的式算表格。

**1**

由主選單下拉選擇「試算表」指令

**2**

按此鈕建立新試算表

## 9-1-2 工作環境簡介

當我們建立一份新的Google試算表，會自動開啟一個新檔案，稱為「未儲存的試算表」，預設一張工作表，名稱為「工作表1」，每張工作表都有一個工作表標籤，位於視窗下方，可用滑鼠點選來進行切換，每張工作表皆是由「直欄」與「橫列」交錯所產生密密麻麻的「儲存格」組成。其工作環境如下圖所示：

## ■ 工作表

　　工作表是我們操作試算表軟體的工作底稿。工作表標籤位於活頁簿底端，可以滑鼠點選來切換不同的工作表。當我們以滑鼠點選某一個工作表標籤，就會成為「作用工作表」。

## ■ 儲存格

　　最基本的工作對象，在輸入或執行運算時，每個「儲存格」都可視為一個獨立單位。「欄名」是依據英文字母順序命名，「列號」則以數字來排列，欄與列的定位點則稱為「儲存格位址」或「儲存格參照」，例如B3（第三列B欄）、E10（第十列E欄）等。

　　每一個儲存格中的資料，Google試算表都會賦予一種「資料格式」，不同的「資料格式」在儲存格上會有不同的呈現方式。如果未特別指定，Google試算表會自行判斷資料內容而給予應有的呈現方式。例如「文字」資料型態，通常以滑鼠選取儲存格，然後輸入中／英文內容即可，其預設為靠左對齊。如果是「數值」資料型態，則預設為靠右對齊。如果您並未特別指定它，系統會自行判斷資料內容屬於何種資料格式，而給予應有的呈現方式。

　　不過，您也可以以手動方式為試算表中的資料套用格式，Google試算表軟體的「編輯」工具列，有許多設定格式的選項。如果想查看工具列上每一個圖鈕的功能說明，只要將滑鼠游標移到工具列中的圖鈕上，就可以知道該圖示的主要功能。

CHAPTER

9

## 9-1-3 儲存格參照位址

在Google試算表中，每一個儲存格都有「獨一無二」的儲存格位址，此位址是由工作表中以「欄名+列號」的方式組合而成的。儲存格參照位址又可區分為以下三種：

| 儲存格位址類型 | 內容說明 |
|---|---|
| 相對參照位址 | 公式中所使用的儲存格位址，會因為公式所在位置不同而有相對性的變更，表示法如「B3」。 |
| 絕對參照位址 | 公式內的儲存格位址不會因為儲存格位置的改變而變更位址，例如經過公式複製後，仍指向同一位址的儲存格。表示法是在相對參照位址前加上「$」符號，如「$B$3」。 |
| 混合參照位址 | 綜合上述兩種表示方式，我們可混合使用。也就是當僅需固定某欄參照，而列必須改變參照，或是僅需固定某列參照，而欄必須改變參照時。表示方式如「$B3」或「B$3」。 |

### ■ 儲存格移動方式

| 輸入鍵 | 儲存格方式 |
|---|---|
| Enter鍵 | 往下移動一格 |
| Tab鍵 | 往右移動一格 |
| Shift鍵與Tab鍵 | 往左移一格 |
| 方向鍵「↑」、「↓」、「←」、「→」 | 移動到上下左右各一格的位置 |
| Shift鍵與Enter鍵 | 往上移動一格 |

工作表名稱顯示於試算表底端，可以滑鼠點選來切換不同的工作表。當我們以滑鼠點選某一個工作表標籤，就會成為「作用工作表」。如

果整個儲存格內容需要修改，只要重新選取要修改的儲存格，直接輸入新資料，按下Enter鍵就可以取代原來內容。如果需要保留原有的內容或僅作部分的修改，則先選取該儲存格後，在「資料編輯列」中按下滑鼠左鍵產生插入點，隨後移動插入點的位置來新增文字。別忘記使用BackSpace鍵可刪除插入點左邊的字元、Delete鍵可刪除插入點右邊的字元、方向鍵可移動插入點等。

## 9-1-4 工作表輸入與編輯

　　建立新的Google試算表後會自動開啟一張無標題的「工作表1」，各位可在標題欄上輸入文件標題。工作表是由「直欄」與「橫列」交錯所產生密密麻麻的「儲存格」組成，點選儲存格即可輸入資料。

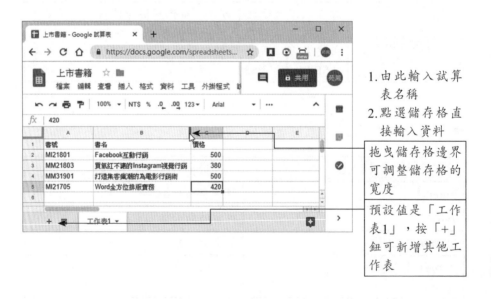

1. 由此輸入試算表名稱
2. 點選儲存格直接輸入資料

拖曳儲存格邊界可調整儲存格的寬度

預設值是「工作表1」，按「+」鈕可新增其他工作表

　　每一個儲存格中的資料，Google試算表都會賦予一種「資料格式」，不同的「資料格式」在儲存格上會有不同的呈現方式。如果未特別指定，Google試算表會自行判斷資料內容而給予應有的呈現方式。例如「文字」資料型態，通常以滑鼠選取儲存格，然後輸入中／英文內容即

可，其預設為靠左對齊。如果是「數值」資料型態，則預設為靠右對齊。如上圖所示：

　　工作表名稱顯示於試算表底端，可以滑鼠點選來切換不同的工作表。當我們以滑鼠點選某一個工作表標籤，就會成為「作用工作表」。使用者可以重新命名工作表達到管理工作表的目的。變更工作表的方法為：選取欲重新命名的工作表標籤，按滑鼠左鍵並執行「重新命名」指令，即可變更名稱。

2. 選此指令變更名稱

1. 按此處

## 9-1-5 工作表基本操作

　　工作表名稱顯示於活頁簿底端，可以滑鼠點選來切換不同的工作表。當我們以滑鼠點選某一個工作表標籤，就會成為「作用工作表」。使用者可以重新命名工作表達到管理工作表的目的。變更工作表的方法為：選取欲重新命名的工作表標籤，按滑鼠左鍵，執行「重新命名」指令。

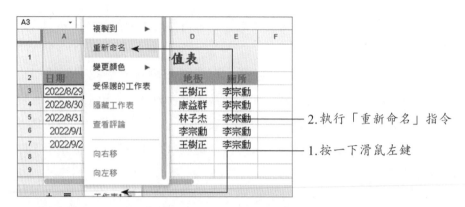

2.執行「重新命名」指令

1.按一下滑鼠左鍵

輸入工作表新名稱，按
「Enter」鍵確認

## ■ 新增工作表

當開啓Google試算表時，會出現1個預設的工作表，使用者可以依據實際需要新增工作表。最快的方法工作表下方的工作列，按滑鼠左鍵執行「新增工作表」指令。

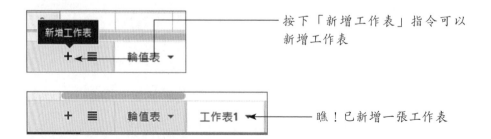

按下「新增工作表」指令可以新增工作表

瞧！已新增一張工作表

## ■ 刪除工作表

要刪除工作表，只要在工作表標籤按一下滑鼠左鍵，執行功能表中的「刪除」指令。

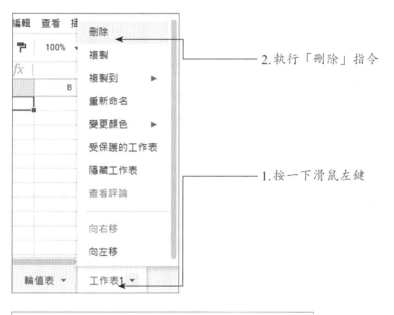

2.執行「刪除」指令

1.按一下滑鼠左鍵

3.按「確定」鈕

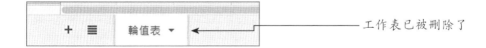

工作表已被刪除了

## ■ 檢視所有工作表

如果您的一份文件中有許多個工作表，您還可以透過工作表右下方

新增加的一個清單來迅速檢視所有的工作表。例如，各位可以試著依上述新增工作表的作法，新增兩張工作表，名稱分別為「研發部」、「業務部」，依下圖所指示的位置，就可以檢視所有工作表。

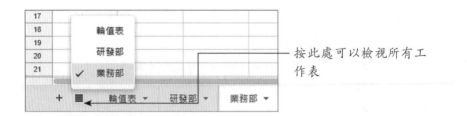

按此處可以檢視所有工作表

## ■ 複製工作表

要複製工作表也很簡單，在Google試算表中，提供兩種複製工作表的方式，其中「複製」指令可以直接在同一個檔案產生工作表的副本；而「複製到」則可以將工作表複製到指定的試算表檔案。

**1**

複製－在同一個試算表檔案中，產生一個工作表副本，此處示範在同一試算表檔案複製「輪值表」工作表。

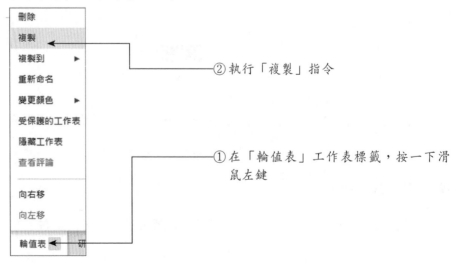

② 執行「複製」指令

① 在「輪值表」工作表標籤，按一下滑鼠左鍵

────── 產生了「輪值表」的副本

**2**

複製到－將工作表複製到指定的試算表檔案。

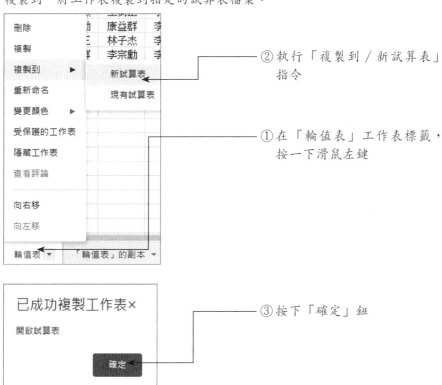

────── ② 執行「複製到 / 新試算表」
　　　　指令

────── ① 在「輪值表」工作表標籤，
　　　　按一下滑鼠左鍵

────── ③ 按下「確定」鈕

■ **移動工作表**

　　如果要移動工作表的位置，只要按下工作表標籤，在功能表清單中選擇「向右移」、「向左移」指令，就可以移動工作表位置，如下圖所示：

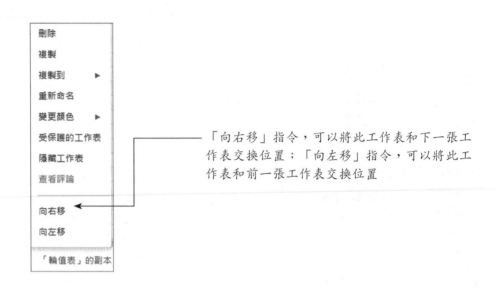

「向右移」指令,可以將此工作表和下一張工作表交換位置;「向左移」指令,可以將此工作表和前一張工作表交換位置

## 9-2 美化試算表外觀

當你將試算表格的資料輸入完成後,為了讓資料更清楚易視,你可以將表格美化,像是設定文字格式、儲存格色彩、加入表格標題、插入圖片等,都能讓試算表格看起來不單調又美觀。

### 9-2-1 儲存格格式化

Google試算表提供了儲存格格式化的功能,不論使用者想要對儲存格進行字體大小、文字格式、文字顏色、儲存格背景色彩、邊框、對齊等,都可以透過「格式工具列」進行設定。

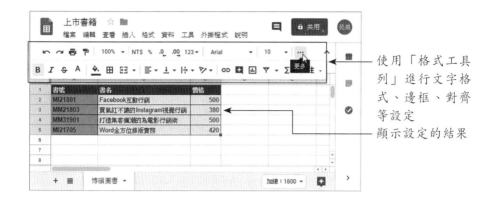

使用「格式工具
列」進行文字格
式、邊框、對齊
等設定

顯示設定的結果

## 9-2-2 插入標題列

　　在試算表上方插入標題列可以讓表格內容更清晰。我們可以在第一列
上方插入一列，再重新調整列高，列高的調整可以滑鼠拖曳的方式，或是
輸入特定的數值。在此示範設定方式，同時學習儲存格的合併和垂直對齊
設定。

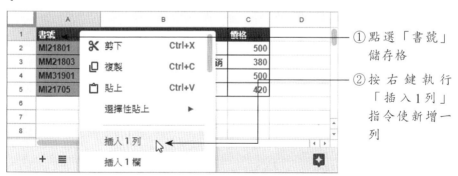

①點選「書號」
儲存格

②按右鍵執行
「插入 1 列」
指令使新增一
列

**2**

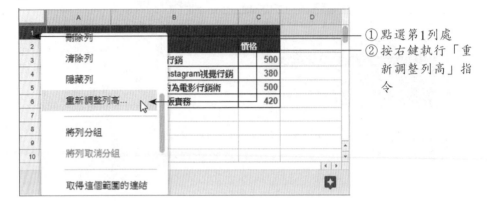

① 點選第1列處
② 按右鍵執行「重新調整列高」指令

**3**

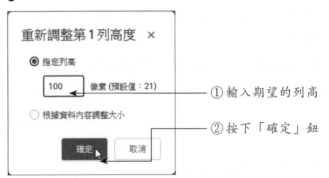

① 輸入期望的列高

② 按下「確定」鈕

**4**

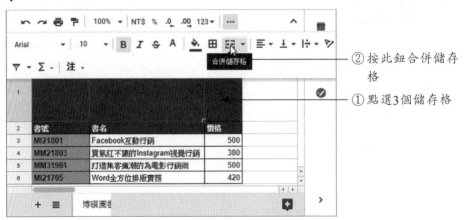

② 按此鈕合併儲存格

① 點選3個儲存格

**5**

輸入文字後再由
格式工具列設定
文字大小、色
彩、垂直／水平
對齊方式

## 9-2-3 插入美美圖片

　　試算表中也可以和Google文件一樣選擇插入圖片。選定儲存格後，執行「插入／圖片」指令，就可以選擇「上傳」、「使用快照」、「使用網址上傳」、「雲端硬碟」、「Google相簿」、「搜尋」等插入方式。

圖片插入後，可透過四角的控制點來縮放大小，也可以設定圖片擺放的位置。

## 9-3 檔案管理

在建立工作表後，當然要儲存起這個檔案，讓下次要製作相同的表格時，只要開啓此檔案並加以修改即可。

### 9-3-1 自動儲存

編輯Google試算表檔案會自動儲存檔案，當要查看所編輯的檔案是否已儲存成功，可以按下「⟨⟨⟨⟨」圖檔鈕，如果出現「所有變更都已儲存到雲端硬碟」表示該檔案已儲存成功。

## 9-3-2 離線編輯

離線編輯是一種允許Google文件在沒有網路連線的情況下仍然可以進行文件編輯的工作，接著我們就來示範如何讓Google試算表具備離線編輯的功能，首先必須先行確認Chrome瀏覽器是否已開啓「Google文件離線版」，下一步再到Google試算表的主選單中開啓Google試算表的離線功能。

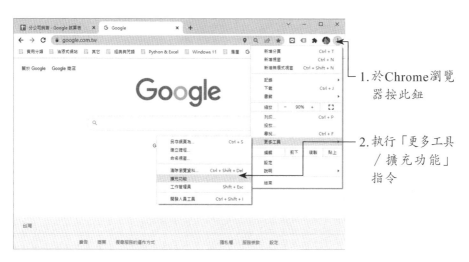

1. 於Chrome瀏覽器按此鈕

2. 執行「更多工具／擴充功能」指令

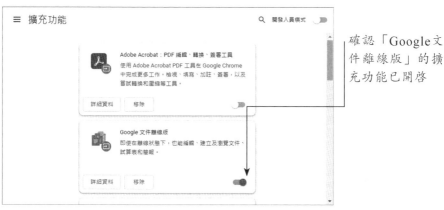

確認「Google文件離線版」的擴充功能已開啓

CHAPTER

9

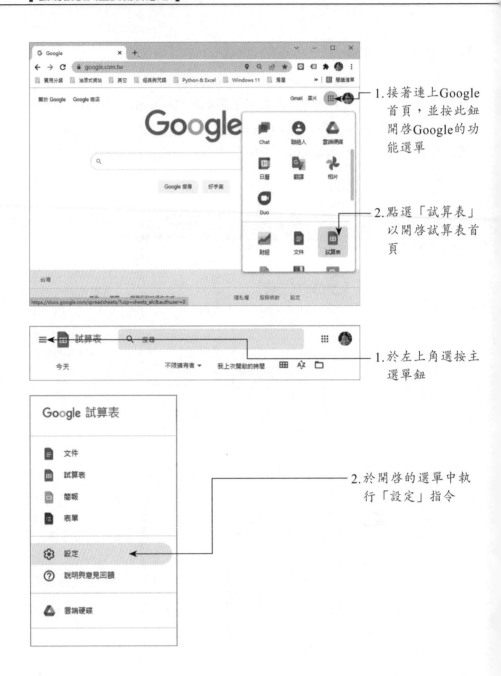

1. 接著連上Google
   首頁，並按此鈕
   開啓Google的功
   能選單

2. 點選「試算表」
   以開啓試算表首
   頁

1. 於左上角選按主
   選單鈕

2. 於開啓的選單中執
   行「設定」指令

1. 於「設定」對話方塊開啟「離線」功能

2. 按下「確定」鈕

　當我們完成離線編輯的設定之後，如果Google試算表在編輯的過程中，突然發生網路斷線，這種情況下，正在編輯的Google試算表文件就會顯示「離線作業」：

　即使在這種情況下，仍然可以進行該試算表的編輯工作，並在編輯的過程中，可以在畫面上方看到「已儲存到這部裝置」，這個意思就是指已將該試算表所變更的內容儲存到本機端的電腦硬碟之中，不過要能順利儲存這個離線編輯的檔案，必須要先確認本機端的電腦有足夠的硬碟空間。

　一旦下次有機會使用Chrome瀏覽器重新連上網路，就會自動將儲存在本機端硬碟所編修的Google試算表上傳到各位專屬帳號的雲端硬碟中。

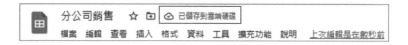

### 9-3-3 建立副本

如果你要將Google試算表內容，在本機端電腦建立副本，可以執行「檔案／建立副本」指令，接著輸入新建的副本名稱，按下「確定」鈕即可。

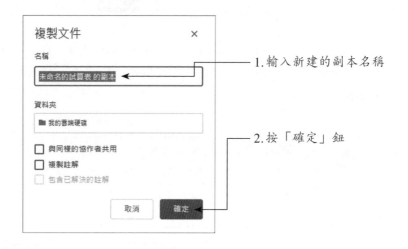

### 9-3-4 開啟舊檔

要開啟已儲存的試算表，可以執行「檔案／開啟」指令，選定要開啟的試算表，按下該開啟檔名的超連結，就可以將該試算表加以開啟。

如果要上傳電腦中的檔案，請在「開啟檔案」視窗切換到「上傳」索引標籤，並於下圖中按下「選取裝置中的檔案」，再選定所要上傳的檔案，接著按「開啟舊檔」鈕即可。

### 9-3-5 工作表列印

　　建立好檔案之後，最主要的就是把檔案給列印出來，首先確定印表機是否開啟且與電腦連結。如果您需要文件的書面版本，可以執行「檔案 / 列印」指令，此時會出現一個「列印設定」的對話方塊，可以讓你設定列印「範圍」、「紙張大小」、「頁面方向」、「縮放比例」、「邊界」、「格式設定」、「頁首和頁尾」等，如下圖所示：

　　其中範圍設定有「目前的工作表」、「工作簿」、「所選的儲存格」三種：

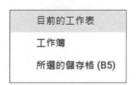

　　至於「方向」則有「橫印」及「直印」（建議使用）兩種選項。而紙張尺寸，則有下圖的多種選擇：

紙張大小

Letter (21.6 公分 x 27.9 公分)

Tabloid (27.9 公分 x 43.2 公分)

Legal (21.6 公分 x 35.6 公分)

Statement (14.0 公分 x 21.6 公分)

Executive (18.4 公分 x 26.7 公分)

Folio (21.6 公分 x 33.0 公分)

A3 (29.7 公分 x 42.0 公分)

A4 (21.0 公分 x 29.7 公分)

A5 (14.8 公分 x 21.0 公分)

B4 (25.0 公分 x 35.3 公分)

B5 (17.6 公分 x 25.0 公分)

自訂大小

# 9-4 公式與函數活用心得

多數使用試算表的原因，除了因為它可以記錄很多的資料、快速查詢、篩選資料外，最大的特點是因為它可以進行公式與函數的計算。

## 9-4-1 認識公式與函數

Google試算表中的計算模式是使用儲存格參照來進行，同時要以「=」來做為計算的開頭。例如：各位只要在「F3」的儲存格中輸入「=C3+D3+B4+E3」後再按下「Enter」鍵，Excel就會自動將各個儲存格之中的資料讀取進行加總計算。Google試算表在運算時也是遵守「先乘除、後加減」的運算法則，若要讓加減優先運算時可以使用括號來進行。

在Google試算表中，我們可利用公式來進行數據的運算，Google試算表的公式形式可以分為以下三種：

| 公式形式 | 功能說明 | 範例說明 |
|---|---|---|
| 數學公式 | 這種公式是由數學運算子、數值及儲存格位址組成。 | =C1*C2/D1*0.5 |
| 文字連結公式 | 公式中要加上文字,必須以兩個雙引號(")將文字括起來,而文字中的內容互相連結,則使用(&)符號。 | ="平均分數"&A1 |
| 比較公式 | 是由儲存格位址、數值或公式兩相比較的結果。 | =D1>=SUM(A1:A2) |

公式型態中最簡單的一種,主要是使用「+」、「-」、「×」、「÷」、「%」、「^」(次方)算術運算所求出來的值。例如A4=A1+A2+A3。比較公式,也是公式型態的一種,主要由儲存格位址、數值或公式兩相比較的結果,通常為「TRUE」真值或「FALSE」假值的邏輯值,常見比較算式符號有「=」、「<」、「>」、「<=」、「>=」、「<>」。

## 9-4-2 函數的輸入

函數型態也算是公式的一種,但函數可以大幅簡化輸入工作。Google試算表預先將複雜的計算式定義為函數,並給予適當引數,使用者只要依照指定步驟進行計算即可。

編輯函數先要以「=」開頭,每一個函數都包含了函數名稱、小括號以及引數三個部分。函數名稱多為函數功能的英文縮寫,如SUM(加總)、MAX(最大值)、MIN(最小值)等,在小括號內則是該函數會使用到的引數,引數可以是參照位址、儲存範圍、文字、數值、其他函數等。

CHAPTER

9

=函數名稱（引數1,引數2…,引數N）

■函數名稱：Google試算表預先定義好的公式名稱，多爲函數功能的英文
　縮寫，如SUM（加總）、MAX（最大值）、MIN（最小值）等。

■小括號：在小括號內則是該函數會使用到的引數。雖然有些函數並不需
　要引數，不過小括號還是不可以省略。

■引數：要傳入函數中進行運算的內容，可以是參照位址、儲存範圍、文
　字、數值、其他函數等。不過這些引數必須是合乎函數語法的有效值才
　能正確計算。

　　以加總計算來說，各位必須將每個要計算的儲存格都輸入才能得到
正確的答案，但是如果各位使用Google試算表所提供的SUM()函數來進
行，其語法爲SUM(儲存格範圍)。所以各位只要在「B10」儲存格中輸
入「=SUM(B2:B9)」之後再按下Enter鍵就可以求得加總結果了。其中
(B2:B9)就是代表由B2儲存格到B9儲存格的意思。

　　現有的Google試算表中常見的函數類別：日期、文字、工程、篩
選器、財務、Google、資料庫、邏輯、陣列、資訊、查詢、數學、運算
子、統計、網頁等。在Google試算表，如果要將公式新增到試算表中，
請依照下列指示執行：

1.任意按兩下空儲存格。

| | A | B |
|---|---|---|
| 1 | 10 | 65 |
| 2 | 20 | 35 |
| 3 | 30 | 45 |
| 4 | 40 | 89 |
| 5 | 50 | 17 |
| 6 | | |

2. 執行「插入 / 函式」指令，從出現的清單中選取公式，例如本例我們選擇SUM函數。

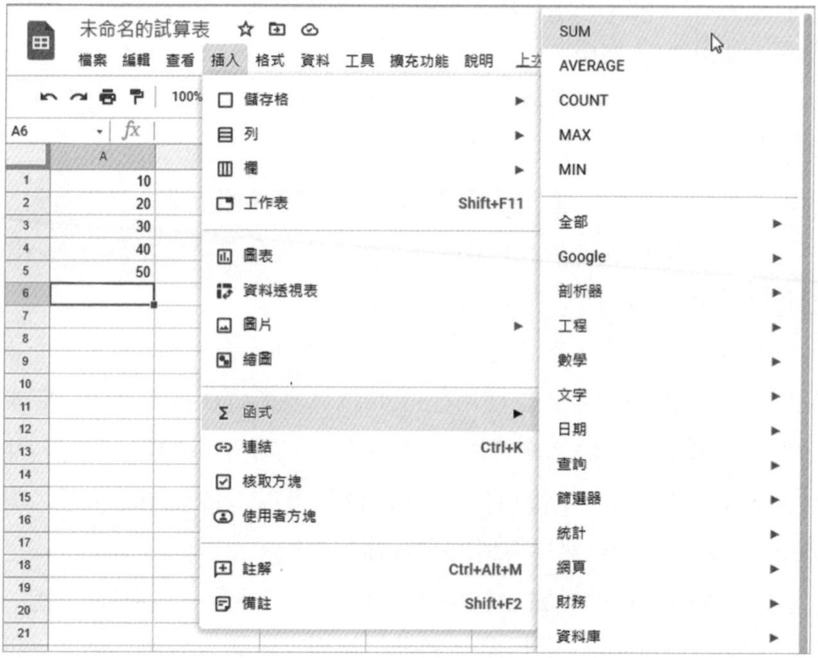


3. 設定參數範圍。

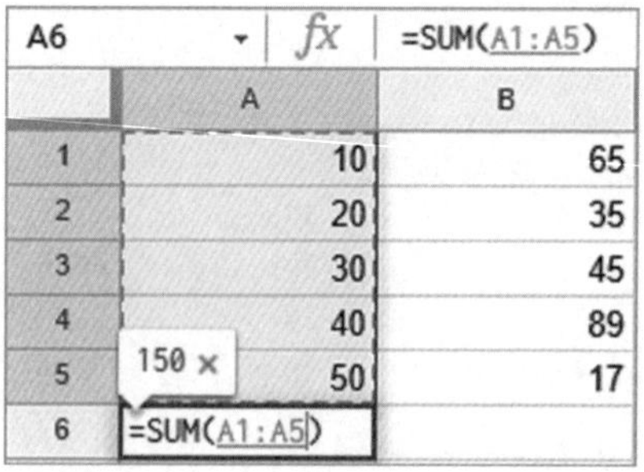

4.輸出儲存結果。

| | A | B |
|---|---|---|
| 1 | 10 | 65 |
| 2 | 20 | 35 |
| 3 | 30 | 45 |
| 4 | 40 | 89 |
| 5 | 50 | 17 |
| 6 | 150 | |

## 9-4-3 公式計算加總

　　Google試算表中的計算模式是使用儲存格參照來進行，同時要以「=」來做為計算的開頭。例如：各位只要在「F3」的儲存格中輸入「=C3+D3+E3」後再按下「Enter」鍵，Excel就會自動將各個儲存格之中的資料讀取進行加總計算。

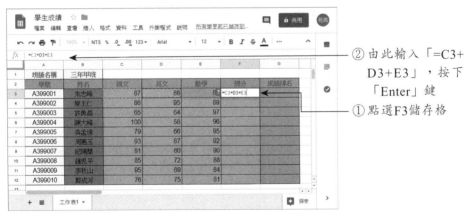

② 由此輸入「=C3+
D3+E3」，按下
「Enter」鍵

① 點選F3儲存格

**2**

| | A | B | C | D | E | F | G |
|---|---|---|---|---|---|---|---|
| 1 | 班級名稱 | 三年甲班 | | | | | |
| 2 | 學號 | 姓名 | 國文 | 英文 | 數學 | 總分 | 成績排名 |
| 3 | A399001 | 朱志峰 | 87 | 88 | 85 | 260 | |
| 4 | A399002 | 廖圭仁 | 86 | 95 | 89 | | |
| 5 | A399003 | 許勇昌 | 65 | 64 | 97 | | |
| 6 | A399004 | 陳大峰 | 100 | 58 | 96 | | |
| 7 | A399005 | 吳孟達 | 79 | 66 | 95 | | |
| 8 | A399006 | 周惠玉 | 93 | 87 | 92 | | |
| 9 | A399007 | 紀曉嵐 | 81 | 80 | 90 | | |
| 10 | A399008 | 鍾思平 | 85 | 72 | 88 | | |
| 11 | A399009 | 李秋山 | 95 | 69 | 84 | | |
| 12 | A399010 | 鄭成河 | 76 | 75 | 81 | | |

— 顯示加總結果

## 9-4-4 函數計算加總

　　Google試算表在運算時也是遵守「先乘除、後加減」的運算法則，若要讓加減優先運算時可以使用括號來進行。函數型態也算是公式的一種，但函數可以大幅簡化輸入工作。Google試算表預先將複雜的計算式定義成為函數，並給予適當引數，使用者只要依照指定步驟進行計算即可。

　　編輯函數先要以「＝」開頭，每一個函數都包含了函數名稱、小括號以及引數三個部份。函數名稱多為函數功能的英文縮寫，如SUM（加總）、MAX（最大值）、MIN（最小值）等，在小括號內則是該函數會使用到的引數，引數可以是參照位址、儲存範圍、文字、數值、其他函數等。

---

=函數名稱（引數1,引數2…,引數N）

---

　　要注意的是，各位必須將每個要計算的儲存格都輸入才能得到正確的答案，如果各位使用Google試算表所提供的SUM()函數來進行，其語法為SUM(儲存格範圍)。

2.由此輸入「=SUM (C3:E3)」，按下「Enter」鍵即可顯示加總的結果

1.點選F3儲存格

　　你也可以從工具列中按下「函數」工具鈕，就可以找到所需的函數名稱。

按此鈕顯示Google所提供的函數

## 9-4-5 公式（或函數）填滿

　　當使用者將資料輸入與工作表後，Google試算表作用儲存格下方有一個小方點稱為「填滿控點」，透過這個小方點可以讓我們省去很多資料輸入時間。它的功用是輸入資料時可發揮複製到其他相鄰儲存格的功能。方式有以下幾種：

### 文字填滿

選取儲存格範圍後，拖曳右下方「填滿控點」，即能夠快速複製相同文字內容到其它儲存格。

### 數列填滿

所選取的儲存格內容是數值或日期資料，那麼拖曳填滿控點進行複製時，則會以數列遞增或遞減方式填入資料。

### 公式（或函數）填滿

公式（或函數）也可以利用填滿控點功能，將公式（或函數）填滿到所選取的儲存格。

現在各位可以透過「填滿控點」的功能，來快速將公式（或函數）填滿到所選取的儲存格中。

**1**

①點選此控點不放

②拖曳至此放開滑鼠

**2**

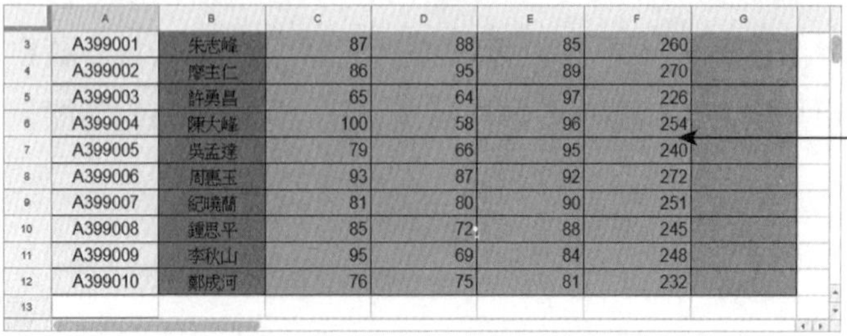

完成所有學生的成績加總

# 9-5 圖表功能簡介

建立圖表時，可以先選擇主要圖表類型，例如：直條圖、橫條圖以及圓形圖，再選擇該副圖表類型。您也可以將圖表儲存為圖片，然後插入到文件。建立圖表時，您可以選擇主要圖表類型的其中一種，例如：折線圖、區域圖、柱狀圖、長條圖、圖餅圖、散佈圖、地圖、其它。

## 9-5-1 插入圖表

圖表能將複雜的數字轉化為輕鬆易讀的圖形，讓瀏覽者快速解讀數字背後所代表的意義。在Google試算表中，你也可以將已建立的表格轉化為圖表。只要先選定要建立為圖表的資料儲存格，再執行「插入／圖表」

指令就可快速完成。

**1**

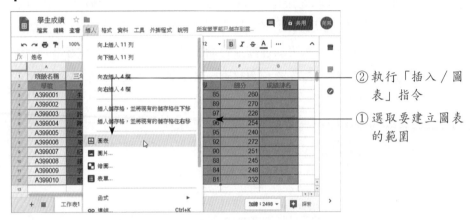

② 執行「插入 / 圖
　表」指令

① 選取要建立圖表
　的範圍

**2**

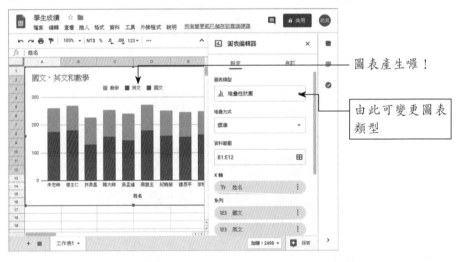

圖表產生囉！

由此可變更圖表
類型

## 9-5-2 圖表的編輯與格式化

　　建立圖表後，可以依照下列步驟修改圖表。首先，在該圖表按下滑鼠
右鍵，就會出現快顯功能表，提供各種圖表的編輯與格式化的相關指令。

如下圖所示：

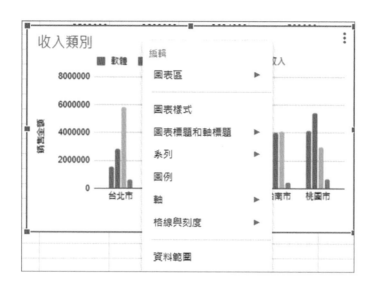

另外各位也可以直接在圖表上快按滑鼠左鍵兩下，就會在試算表右側
開啟圖表編輯器視窗，提供各種圖表編輯或格式設定的各種選項。

# 本章習題

1. 試簡述Google試算表的簡單特性。
2. 儲存格參照位址可區分為哪幾種？
3. 請簡述Google試算表插入圖片的方式。
4. Google試算表的公式形式可以分哪幾種形式？

# 第十章

# 超吸睛的 Google 簡報教學

　　簡報經常被應用在商場、職場、學術、生活上，目的是讓聽眾能夠認可您的想法，進而購買產品、獲得新知、或是得到標案。簡報也可以當作是個人行銷的工具，諸如：畢業學生找尋工作，可以透過簡報來介紹個人的學經歷與專長，加上個人作品的介紹與串接，也可以聲光俱現的方式來加深雇主的印象。這是因為它能結合文案綱要、表格、圖片、繪圖、視訊等多項元素，透過這些元素的綜合運用，來完整表達演講者的意念或思想。

# 10-1 開始製作簡報

這一章節我們將介紹功能完備的Google簡報，它是Google所開發的免費簡報編輯程式，可提供使用者做簡報的編輯。利用Google簡報來製作簡報，不但不需要花錢去購買昂貴的簡報製作軟體，而且儲存檔案也不需要硬碟，只要連上網路，就能在網路上讀取檔案，或作編修、或作簡報播放，還可以跟其他人一起共用檔案，相當的方便。首先我們針對簡報的新增、命名和基本操作等做說明，讓各位能輕鬆上手使用它。

## 10-1-1 啓用／新增Google簡報

各位在進入「Google文件」後，按下左上角的 ≡ 鈕並下拉選擇「簡報」指令，啓動程式後再按下右下角的「+」鈕新增空白簡報。

**1**

① 下拉選擇「簡報」指令，使進入該程式

② 按此鈕新增簡報

**2**

顯示新增的空白
簡報，由此輸入
簡報名稱

## 10-1-2 套用主題範本

　　新增空白簡報後，接下來可以根據此次的簡報主題來選擇適合的主題
背景。請由右側的「主題」窗格選擇要套用的範本，即可看到效果。你也
可以上傳喜歡的範本主題，按下「匯入主題」鈕可由「上傳」標籤將檔案
匯入。

1. 由右側選擇要套
　用的主題範本
2. 顯示套用結果

按此鈕可上傳範
本

### 10-1-3 新增投影片與版面配置

選定主題範本後，可以開始編輯投影片內容。使用者只要在現有的文字框中輸入標題、副標題即可，若要新增投影片與配置，可從「+」鈕下拉進行新增和選擇。

**1**

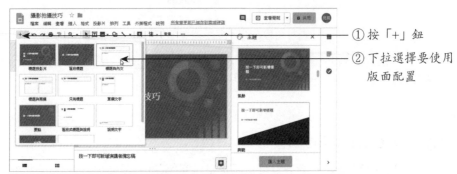

① 按「+」鈕
② 下拉選擇要使用版面配置

**2**

① 新增投影片與版面配置
② 繼續在文字框中輸入文字

**TIP：變更版面配置**

版面配置如果需要進行變更，可以執行「投影片／套用版面配置」指令，再從縮圖中選擇所需的配置。

## 10-1-4 插入各類型物件

在Google簡報中，使用者可以插入圖片、表格、影片、文字框、圖表等各類型的物件來增加簡報的豐富性。要插入各類型的物件，只要由「插入」功能表中選擇要插入的項目即可辦到。

如果要插入影片檔，可以選擇將YouTube影片的網址輸入，或是直接從你的Google雲端硬碟中插入影片。

## 10-1-5 匯入PowerPoint投影片

從無到有製作簡報是比較花費時間的，如果你已經有現成的Power-Point簡報，可以考慮直接將簡報匯入至Google簡報中使用。請執行「檔案／匯入投影片」指令，即可選擇要上傳的投影片。

CHAPTER

10

**1**

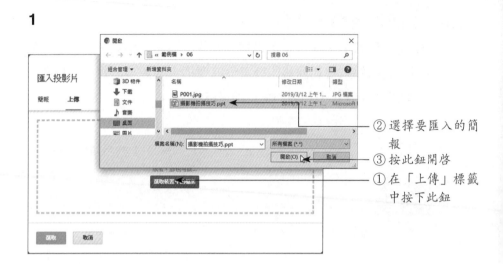

② 選擇要匯入的簡
報

③ 按此鈕開啟

① 在「上傳」標籤
中按下此鈕

**2**

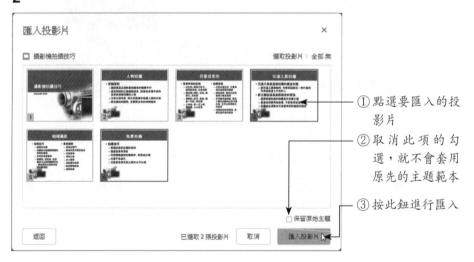

① 點選要匯入的投
影片

② 取消此項的勾
選，就不會套用
原先的主題範本

③ 按此鈕進行匯入

## 10-1-6 語音輸入演講備忘稿

　　各位使用「Google簡報」來進行投影片製作時，如果需要製作演講
者備忘稿的資料，那麼可以選用語音輸入的方式，這樣就不用一個字一個
字慢慢輸入，節省許多時間。

　　使用前請先將麥克風插至電腦上，接著點選簡報下方的「演講者備忘稿」窗格，即可選用「工具／使用語音輸入演講者備忘稿」指令。

**1**

②執行「工具／使用語音輸入演講者備忘稿」指令

①點選「演講者備忘稿」窗格

**2**

按此鈕開始對著麥克風說話

**2**

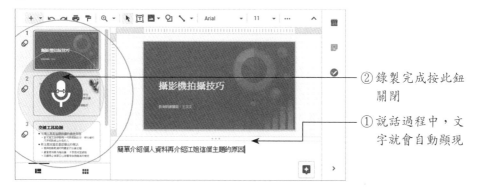

②錄製完成按此鈕關閉

①說話過程中，文字就會自動顯現

## 10-1-7 管理你的簡報

　　進入簡報主畫面後,各位可以看到許多的簡報縮圖,這是你曾經開啟或編輯過的簡報,簡報除了顯示縮圖與名稱外,還會顯示你開啟的時間。另外,你可以透過圖示鈕來區分出哪些是PowerPoint簡報檔,哪些是Google簡報。

　　對於曾經編輯過或開啟過的簡報,按下簡報縮圖右下角的 ⋮ 鈕,可進行重新命名、移除、或是離線存取等動作,方便各位管理你的簡報檔案。

# 10-2 簡報教學技巧

　　利用Google簡報，老師可以將製作好的簡報內容放映出來，這樣上課時就不用辛苦的寫板書，而且教材規劃完成，只要製作一次就可以給多個班級使用，數位教材對老師來講可說是一舉數得，越教就越輕鬆。此處我們介紹幾個功能，讓老師可以輕鬆用簡報來進行教學。

## 10-2-1 從目前投影片開始播放簡報

　　在開啓簡報檔後，按下右上角的 ▶ 鈕，會從目前的投影片開始播放。

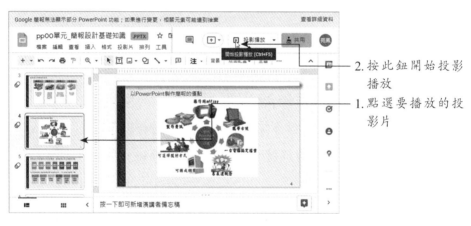

2. 按此鈕開始投影播放

1. 點選要播放的投影片

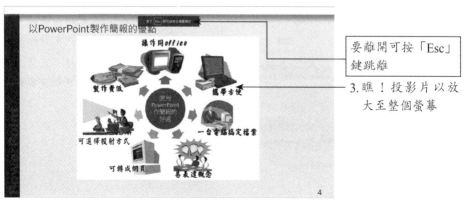

要離開可按「Esc」鍵跳離

3. 瞧！投影片以放大至整個螢幕

## 10-2-2 從頭開始進行簡報

　　想要從頭開始進行簡報的播放，可由「投影播放」後方按下拉鈕，再下拉選擇「從頭開始」指令。

1. 按此下拉鈕

2. 選擇「從頭開始」指令

## 10-2-3 在會議中分享簡報畫面

　　在會議進行時，老師除了從Google Meet中選擇以「分頁」方式分享螢幕畫面外，也可以在會議進行中從Google「簡報」右上方按下　　鈕來分享畫面。

1. 開啟簡報檔後，按此下拉鈕

2. 選擇「在會議中分享分頁畫面」

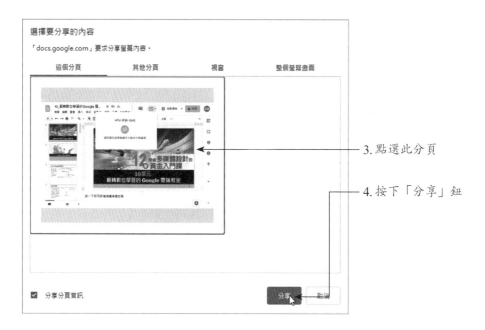

3. 點選此分頁

4. 按下「分享」鈕

　　按下「分享」鈕後，你和學生的Google Meet就會看到分享的畫面，這時候在Google簡報上按下「投影播放」鈕並下拉選擇「從頭開始」鈕，就可以進行簡報的教學。

1. 按此鈕

2. 選此項開始簡報教學

## 10-2-4 會議中停止簡報共用

　　進行簡報教學時，老師只要專注在簡報畫面進行講解即可，你也可以將兩個分頁並列，從Google Meet視窗查看分享頁面的效果，也可以查看學生狀況與學生進行即時通訊。等完成簡報教學時，在Google Meet或Google簡報上方都可以按下「停止共用」鈕停止簡報的分享。

任一視窗按下「停止共用」鈕可停止共用

Goole Meet和Google簡報並列，可同時查看畫面效果

## 10-2-5 開啟雷射筆進行講解

　　進行簡報教學時，如果想針對重點處進行說明，可在左下角按下「開啟選項選單」⋮鈕，再選擇「開啟雷射筆」指令，這樣再移動滑鼠就會看到火紅的線條跟著移動。如果覺得這樣切換很麻煩，可快按「L」鍵來開啟或隱藏雷射筆的功能。如下圖所示：

3. 瞧！移動滑鼠時所顯現的效果

2. 選擇「開啟雷射筆」指令

1. 按此鈕

## 10-2-6 以「簡報者檢視」模式進行教學

在進行簡報播放時，各位還可以選擇以「簡報者檢視」的模式來進行教學，這種方式會在老師的電腦上顯示演講者備忘稿，方便老師知道此投影片要介紹的內容，同時可看到前 / 後張投影片的縮圖。

2. 按此鈕

3. 執行「簡講者檢視」指令

1. 預先利用「工具 / 語音輸入演講者備忘稿」指令，輸入講課的重點

4. 自動切換到「演講者備忘稿」標籤，老師可同時看到備忘稿、投影片畫面、以及上 / 下一張投影片縮圖

由此下拉可快速切換到其他投影片

至於在學生端的螢幕畫面只會看到該張投影片的內容，並不會顯示備忘稿的文字喔！

CHAPTER

10

學生端所看到的簡報畫面

## 10-2-7 自動循環播放簡報

對於簡報內容講解完成後，老師也可以利用「自動循環播放簡報」的功能，來讓學生進行複習，對於語言教學或是跟記憶有關的課程，可以利用此功能來加強學生的印象。

請在簡報播放時，由左下角按下「開啟選項選單」 ⋮ 鈕，再選擇「自動播放」指令，接著在副選項中選定時間長度，勾選底端的「循環播放」，再選擇「播放」指令，這樣就可以開始自動播放簡報，如果要跳離自動播放，可按下「Esc」鍵。

5. 點選此指令，開始自動播放

3. 勾選時間長度

2. 選擇「自動播放」

4. 勾選「循環播放」指令

1. 按此鈕

# 10-3 簡報內容不藏私小工具

　　辛苦製作完成的簡報，爲了讓簡報內容的摘要性重點可以給予更多人擁有，我們可以將指定簡報的投影片下載爲圖片再傳送給他人。另外我們也可以將簡報內容建立副本提供給學生學習使用。也可以透過檔案下載功能將Google簡報下載爲PowerPoint簡報或PDF。若要與他人共用簡報，還可以透過共用的功能複製連結的網址，再將連結網址貼給共用的使用者即可。

## 10-3-1 下載簡報內容給學生

　　製作的教學簡報如果有少部分內容需要給學生作參考，老師可以指定投影片的位置，利用「檔案 / 下載」指令，再選擇JPEG圖片或PNG圖片的格式先下載圖片，屆時再傳檔案給學生即可。

1. 切換到要給學生的投影片畫面
2. 由「檔案」功能表下拉選擇「下載」指令，再選擇JPEG或PNG指令

3. 切換到「下載」
　資料夾，就可以
　看到圖片

　　如果整個簡報內容都要給學生複習，也可以選擇「檔案 / 下載 / PDF
文件」指令或「檔案 / 下載 / Microsoft PowerPoint」指令先將檔案下載
下來。選擇PDF文件格式，則任何平台都可以看到與老師完全相同的內
容，不會因爲電腦中沒有該字體而顯示錯誤，對於老師的教材也有保護的
作用，避免他人將教材挪作他用。

## 10-3-2 為簡報建立副本

　　除了利用「檔案 / 下載」功能，將目前投影片或整個簡報內容給學生
學習外，如果只有特定的章節內容要給學生學習，也可以選擇「建立副本
/ 選取的投影片」指令來建立副本。

1. 由左側先選取部
　分單元
2. 執行「檔案「建
　立副本 / 選取的
　投影」指令

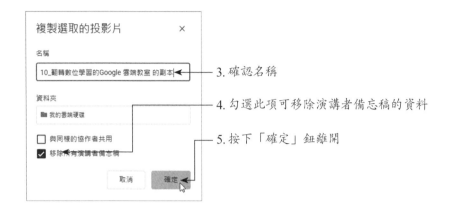

3. 確認名稱

4. 勾選此項可移除演講者備忘稿的資料

5. 按下「確定」鈕離開

### 10-3-3 共用簡報

簡報要與他人共用,可以按下右上角的 ⌈ 🔒 共用 ⌋ 鈕,你可以直接輸入共用者的電子郵件,另外也可以複製連結的網址,再將連結網址貼給你的學生即可。在複製連結時,最好設定「知道連結的使用者」都為「檢視者」,如此一來才不會每每收到他人要求許可的通知喔!

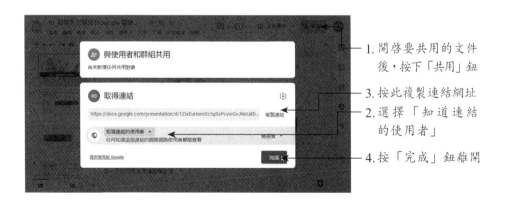

1. 開啟要共用的文件後,按下「共用」鈕

3. 按此複製連結網址

2. 選擇「知道連結的使用者」

4. 按「完成」鈕離開

　　將此連結網址貼到Google Meet的「即時通訊」之中,或是班級的LINE群組當中,這樣他人就可以與你共用這個簡報檔。

CHAPTER

10

# 10-4 設定多媒體動態簡報

簡報內容製作完成後，如果播放過程中能夠加入一些動態的效果，這樣可以吸引學生的注意力，所以這裡也會一併作說明。

## 10-4-1 設定轉場切換

要讓投影片和投影片之間進行切換時，可以顯現動態的轉場效果，可以由「查看」功能表中選擇「動畫」指令，它就會在右側顯示「轉場效果」的窗格。只要點選投影片，再下拉設定轉場效果類型，按下「播放」鈕即可看到變化。

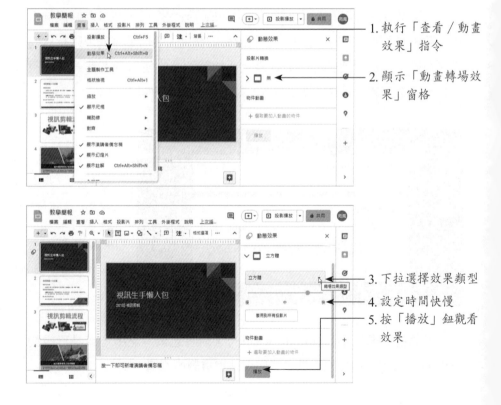

1. 執行「查看 / 動畫效果」指令
2. 顯示「動畫轉場效果」窗格
3. 下拉選擇效果類型
4. 設定時間快慢
5. 按「播放」鈕觀看效果

　　按「播放」鈕觀看效果後，必須按「停止」鈕才能停止預覽。另外，相同的轉場效果如果要套用到整個簡報中，可直接按下「套用到所有投影片」鈕。

## 10-4-2 加入物件動畫效果

　　除了投影片與投影片之間的換片效果外，你也可以針對個別的物件，諸如：標題、內文、圖片、表格等物件進行動畫效果的設定。只要先選定好要進行設定的物件，再從右側窗格中按下「新增動畫」鈕即可進行設定。

1. 選取物件
2. 按下「新增動畫」鈕

3. 下拉選擇動畫類型
4. 下拉設定開始的條件
5. 設定時間的快慢程度

依序設定圖片與標
題的動畫效果，設
定的項目就會顯示
在窗格當中

特別注意的是，「開始條件」的選項包含如下三種，這裡簡要說明：

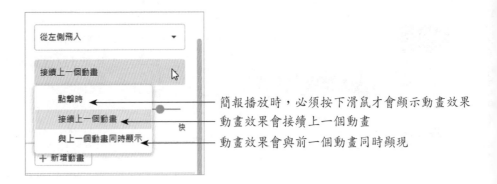

簡報播放時，必須按下滑鼠才會顯示動畫效果
動畫效果會接續上一個動畫
動畫效果會與前一個動畫同時顯現

## 10-4-3 調整動畫先後順序

物件加入動畫效果後，如果需要調整它們的出現的先後順序，只要按住動畫項目然後上下拖曳，就可以變更播放的順序。

1.按住項目，然後往上拖曳

2.瞧！順序改變了

## 10-4-4 插入與播放影片

　　進行教學時如果希望有影片輔助說明，可執行「插入 / 影片」指令來插入YouTube影片或是你雲端硬碟上的影片。另外，你也可直接輸入關鍵字，這樣就可以從YouTube網站上直接搜尋到適合的教學影片。

### 搜尋YouTube影片

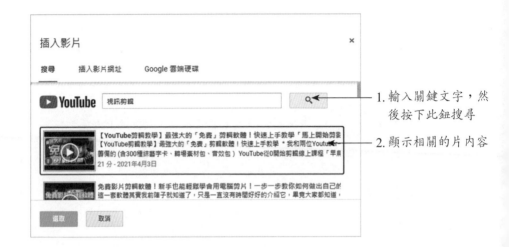

1. 輸入關鍵文字，然後按下此鈕搜尋

2. 顯示相關的片內容

### 插入YouTube影片網址

1. 輸入影片網址

2. 按「選取」鈕即可將影片加入到投影片中

## 從雲端硬碟插入影片

1. 從雲端硬碟上點選已上傳的影片
2. 按此鈕選取並上傳

影片插入至投影片後，可從右側的「格式選項」來設定播放的方式，另外還包含大小和旋轉、位置、投影陰影等設定。

提供三種播放方式

下方有「大小和旋轉」、「位置」、「投影陰影」等設定

影片播放的方式有三種，「播放（點擊）時」和「播放（手動）」是選擇按下影片時再進行播放，「播放（自動）」則是進入該投影片時就會自動播放影片內容。

### 10-4-5 插入音訊

　　在上課之前學生都還未到齊時，老師可以在標題投影片上放入美妙的背景音樂，讓學生在上課前有愉悅的心情，進入上課正題後再自動關掉背景音樂，也可以讓整堂課都有好聽的音樂陪伴。要達到這樣的效果，可以先將準備好的音樂上傳到個人的雲端硬碟上，再執行「插入／音訊」指令就可辦到。

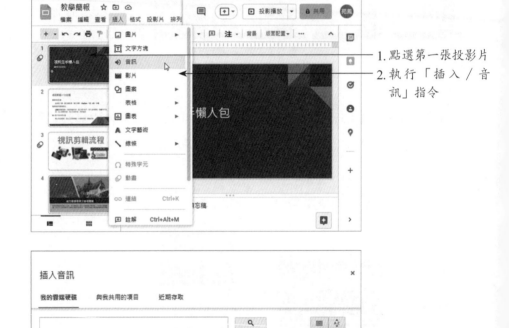

1. 點選第一張投影片
2. 執行「插入／音訊」指令
3. 從「我的雲端硬碟」標籤中點選檔案
4. 按下「選取」鈕

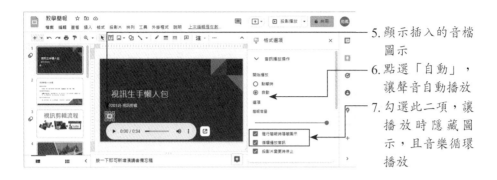

5. 顯示插入的音檔圖示

6. 點選「自動」，讓聲音自動播放

7. 勾選此二項，讓播放時隱藏圖示，且音樂循環播放

　　設定完成後，播放簡報時就會自動循環播放背景音樂，直到老師切換到下一張投影片時，音樂就會自動停止。如果老師希望整個簡報都要有背景音樂陪襯，則請取消「投影片變更時停止」的選項即可。

# 本章習題

1. 試簡述Google簡報的簡單特性。
2. 請問在Google簡報如何變更版面配置。
3. 在Google簡報中可以插入哪些類型的物件增加簡報的豐富性。

# 習題解答

## 第一章

1. 因此ISP最簡單的解釋，就是提供使用者連上Internet的各種服務，例如提供帳號、出租硬碟空間、架設伺服器（sever）、製作網頁（Home Page）、網域名稱申請、電子郵件等。

2. 分別是IP位址與網域名稱系統（DNS）兩種。

3. 主機名稱.機構名稱.機構類別.地區名稱

4. 撥接式上網、ADSL數據機、纜線數據機（Cable Modem）、衛星直播（Direct PC）。

5. Cable Modem的功能，主要是讓電腦的數位資料能夠與有線電視的類比資料，同時透過有線電視的同軸纜線進行傳輸的設定。廣義而言，這整個的資料傳輸過程所使用的技術，我們稱為「Cable Modem寬頻上網」。

6. 包括「光纖到交換箱」（Fiber To The Cabinet, FTTCab）、「光纖到路邊」（Fiber To The Curb, FTTC）、「光纖到樓」（Fiber To The Building, FTTB）、「光纖到家」（Fiber To The Home, FTTH）。

7. App就是application的縮寫，也就是行動式設備上的應用程式，也就是軟體開發商針對智慧型手機及平版電腦所開發的一種應用程式，App涵蓋的功能包括了圍繞於日常生活的的各項需求。

8. 雲端運算將虛擬化公用程式演進到軟體即時服務的夢想實現，也就是利用分散式運算的觀念，將終端設備的運算分散到網際網路上眾多的

伺服器來幫忙，讓網路變成一個超大型電腦。未來每個人面前的電腦，都將會簡化成一臺最陽春的終端機，只要具備上網連線功能即可。

9. 隨著網際網路的快速普及與廣泛應用，隨時隨地都能提供使用者上網服務與資訊搜尋功能，由於網路無遠弗屆的影響力，不但讓資訊的流通更為驚人，加上開放軟硬體平台資源愈來愈多，「Open Source」的概念加快許多研究的開發速度，硬體設計與製造也變得容易許多，目前全球紛紛掀起一股名為「自造」的浪潮，讓喜歡手自己動手作的創意者可以透過創新交流迅速分享技術。近年經濟不景氣使約得宅經濟（Stay at Home Economic）大行其道，在家自行創業的風氣也逐漸甦醒。每個人都可以是創客，這股風起雲湧的創客運動將製造業民主化，以小眾市場創造具有經濟價值的產品為目標來製造就業機會，更造就了創客經濟熱潮。

# 第二章

1. URL就是WWW伺服主機的位址用來指出某一項資訊的所在位置及存取方式；嚴格一點來說，URL就是在WWW上指明通訊協定及以位址來享用網路上各式各樣的服務功能。

2. web 3.0的精神就是網站與內容都是由使用者提供，每台電腦就是一台伺服器，網路等於包辦一切工作。Web3.0最大價值不再是提供資訊，而是建造一個更加人性化且具備智慧功能的網站，並能針對不同需求與問題，交給網路提出一個完全解決的系統。

3. 在檔案傳輸下載的過程當中，如果連線中斷，就算完成了百分之九十，也都前功盡棄了，從頭再下載一次又需耗費時力，如果使用續傳軟體，就沒有這個困擾了，續傳軟體能在連線中斷處接續下載，節省很多寶貴時間。

4. 略。

5. 入口網站：是進入WWW的首站或中心點，提供各種豐富個別化的服務與導覽連結功能，並讓所有類型的資訊能被所有使用者存取，例如Yahoo、Google、蕃薯藤、新浪網等。

部落格（Blog）：是一種新興的網路創作與出版平台，內容可以是旅遊趣聞、個人日記等，像BBS一樣可自由發表文章，不過功能比BBS還多。

6. 雖然P2P軟體建構出一個新的資訊交流環境，可是凡事有利必有其弊，如今的P2P軟體儼然成為非法軟體、影音內容及資訊文件下載的溫床。各位只要在P2P軟體上輸入所要搜尋的文字，即可對搜尋的資料（包括MP3音樂、原版軟體等）進行下載，雖然在使用上有其便利性、高品質與低價的優勢，不過也帶來了病毒攻擊、商業機密洩漏、非法軟體下載等問題。

7. 網路新聞匯集系統（Really Simple Syndication, RSS）是XML語言所撰寫的檔案，主要用來分發和搜集網頁內容，它的運作方式是由提供RSS服務的網站將最新的內容標題產生一個通知列表，稱為RSS Feed，讀者再利用閱讀器（Reader）定時到網站取得RSS Feed。

8. 社群網路服務（Social Networking Service, SNS）的核心在於透過提供有價值的內容與訊息，社群中的人們彼此會分享資訊，網際網路一直具有社群的特性，相互交流間接產生了依賴與歸屬感。由於這些網路服務具有互動性，除了能夠幫助使用者認識新朋友，還可以透過社群力量，利用「按讚」、「分享」與「評論」等功能，對感興趣的各種資訊與朋友們進行互動，能夠讓大家在共同平台上，經營管理自己的人際關係，甚至把店家或企業行銷的內容與訊息擴散給更多人看到。

9. 「同溫層」是近幾年出現的流行名詞，所揭示的是一個心理與社會學上的問題，是近幾年出現的流行名詞，簡單來說，與我們生活圈接近

且互動頻繁的用戶，通常同質性高，所獲取的資訊也較爲相近，容易導致比較願意接受與自己立場相近的觀點，對於不同觀點的事物，選擇性地忽略，進而形成一種封閉的同溫層現象。

10. 打卡（在臉書上標示所到之處的地理位置）是普遍流行的現象，透過臉書打卡與分享照片，更讓學生、上班族、家庭主婦都爲之瘋狂。例如餐廳給來店消費打卡者折扣優惠，利用臉書粉絲團商店增加品牌業績，對店家來說也是接觸普羅大眾最普遍的管道之一。

11. ①以ID／電話號碼搜尋功能，輸入ID或電話號碼來加入好友。其中透過手機號碼找朋友，還眞的是挺方便的，如果各位不想要的讓對方有你的電話就能隨便亂加的話，請在好友設定中，取消勾選「允許被加入好友」，這樣就不會被亂加了。

②以手機鏡頭直接掃描對方的QRcode來加入好友。

③雙方一同開啓藍芽功能，即可配對加入好友。

12. LINE公司推出最新的LINE@生活圈，類似FB的粉絲團，一方面鼓勵商家開設官方帳號，另一方面自己也企圖將社群力轉化爲商務力，形成新的行動購物平台。

# 第三章

1. 雲端運算是一種電腦運算的概念，雲端運算可以讓網路上不同的電腦以一種分散式運算的方式同時幫你處理資料或進行運算。簡單來說，雲端運算就是所有的資料全部丟到網路上處理。

2. ①軟體即時服務（Software as a service, SaaS）、②平台即服務（Platform as a Service, PaaS）、③基礎架構即服務（Infrastructure as a Service, IaaS）。

3. 目前相當流行的「服務導向架構」（Service Oriented Architecture, SOA）就是一個以服務爲基礎的處理架構模型，在網際網路的環境下

透過標準的界面，將分散各地的資源整合成一個資訊系統。

4. WSDL：Web服務描述語言（Web Services Description Language, WSDL）是由微軟與IBM攜手合作所發表一種以XML技術為基礎之網際網路服務描述語言，附檔名就是.WSDL，用來描述Web Service的語言，是利用一種標準方法來描述自己擁有哪些能力，可描述Web Service所提供功能與定義出介面、存取方式及位置

5. 「叢集式作業系統」（Clustered Operating System）通常指的是在分散式系統中，利用高速網路將許多台設備與效能可能較低的電腦或工作站連結在一起，利用通訊網路聯接，形成一個設備與效能較高，類似資源庫（resource pool）的伺服主機系統。叢集式處理系統是多個獨立電腦的集合體，每一個獨立的電腦有它自己的CPU、專屬記憶體（Local Memory）和作業系統，使用者能夠視需要取用或分享此叢集式系統中的計算及儲存能力。

6. 所謂虛擬化技術，就是將伺服器、儲存空間等運算資源予以統合，讓原本運行在真實環境上的電腦系統或元件，運行在虛擬的環境中，最早的**虛擬機（Virtual Machine）出現在1960年代，主要是為了提高**硬體資源充分利用率。

7. 混合雲（Hybrid Cloud）：結合2個或多個獨立的雲端運算架構（私有雲、社群雲或公有雲），使用者通常將非企業關鍵資訊直接在公用雲上處理，但關鍵資料則以私有雲的方式來處理。

8. 物聯網（Internet of Things, IOT）是近年資訊產業中一個非常熱門的議題，被認為是**網際網路興起後足以改變世界的第三次資訊新浪潮。**它的特性是將各種具裝置感測設備的物品，例如RFID、環境感測器、全球定位系統（GPS）雷射掃描器等裝置與網際網路結合起來而形成的一個巨大網。

9. 從實體商務走到電子商務，新科技繼續影響消費者行為造成的改變，電子商務市場開始轉向以顧客為核心的智慧商務（Smarter Com-

merce）時代，所謂智慧商務（Smarter Commerce）就是利用社群網路、行動應用、雲端運算、物聯網與人工智慧等技術，特別是應用領域不斷拓展的AI，誕生與創造許多新的商業模式，透過多元平台的串接，可以更規模化、系統化地與客戶互動，讓企業的商務模式可以帶來更多智慧便利的想像，並且大幅提升電商服務水準與營業價值。

# 第四章

1. 大數據（又稱大資料、大數據、海量資料，big data），由IBM於2010年提出，是指在一定時效（Velocity）內進行大量（Volume）且多元性（Variety）資料的取得、分析、處理、保存等動作，主要特性包含三種層面：大量性（Volume）、速度性（Velocity）及多樣性（Variety）。

2. Hadoop是Apache軟體基金會底下的開放原始碼計畫，是一個能夠儲存並管理大量資料的雲端平台，主要是為了因應雲端運算與大數據發展所開發出來的技術，使用Java撰寫並免費開放原始碼，優點在於有良好的擴充性，程式部署快速等，不但儲存超過一個伺服器所能容納的超大檔案，同時儲存、處理、分析幾千幾萬份這種超大檔案，連Wal-Mar與eBay都是採用Hadoop來分析顧客搜尋商品的行為，並發掘出更多的商機。

3. 最近快速竄紅的Apache Spark，是由加州大學柏克萊分校的AMPLab所開發，是目前大數據領域最受矚目的開放原始碼（BSD授權條款）計畫，Spark相當容易上手使用，可以快速建置演算法及大數據資料模型，目前許多企業也轉而採用Spark做為更進階的分析工具，是目前相當看好的新一代大數據串流運算平台。

4. 類神經網路是模仿生物神經網路的數學模式，取材於人類大腦結構，使用大量簡單而相連的人工神經元（Neuron）來模擬生物神經細胞受

特定程度刺激來反應刺激架構為基礎的研究，由於類神經網路具有高速運算、記憶、學習與容錯等能力，可以利用一組範例，透過神經網路模型建立出系統模型，便可用於推估、預測、決策、診斷的相關應用。要使得類神經網路能正確的運作，必須透過訓練的方式，讓類神經網路反覆學習，經過一段時間的經驗值，才能有效的學習產生初步運作的模式。

5. 平行處理（Parallel Processing）技術是同時使用多個處理器來執行單一程式，借以縮短運算時間。其過程會將資料以各種方式交給每一顆處理器，為了實現在多核心處理器上程式性能的提升，還必須將應用程式分成多個執行緒來執行。高效能運算（High Performance Computing, HPC）能力則是透過應用程式平行化機制，就是在短時間內完成複雜、大量運算工作，專門用來解決耗用大量運算資源的問題。

6. 機器學習（Machine Learning, ML）是大數據與AI發展相當重要的一環，是大數據分析的一種方法，通過演算法給予電腦大量的「訓練資料（Training Data）」，在大數據中找到規則，機器學習是大數據發展的下一個進程，可以發掘多資料元變動因素之間的關聯性，進而自動學習並且做出預測，意即機器模仿人的行為，特性很適合將大量資料輸入後，讓電腦自行嘗試演算法找出其中的規律性。

7. 人工智慧（Artificial Intelligence, AI）的概念最早是由美國科學家John McCarthy於1955年提出，目標為使電腦具有類似人類學習解決複雜問題與展現思考等能力，舉凡模擬人類的聽、說、讀、寫、看、動作等的電腦技術，都被歸類為人工智慧的可能範圍。簡單地說，人工智慧就是由電腦所模擬或執行，具有類似人類智慧或思考的行為，例如推理、規劃、問題解決及學習等能力。

# 第五章

1. 社交工程陷阱（social engineering）是利用大眾的疏於防範的資訊安全攻擊方式，例如利用電子郵件誘騙使用者開啓檔案、圖片、工具軟體等，從合法用戶中套取用戶系統的秘密，例如用戶名單、用戶密碼、身分證號碼或其他機密資料等。

2. 跨網站腳本攻擊（Cross-Site Scripting, XSS）是當網站讀取時，執行攻擊者提供的程式碼，例如製造一個惡意的URL連結（該網站本身具有XSS弱點），當使用者端的瀏覽器執行時，可用來竊取用戶的cookie，或者後門開啓或是密碼與個人資料之竊取，甚至於冒用使用者的身分。

3. 殭屍網路（botnet）的攻擊方式就是利用一群在網路上受到控制的電腦轉送垃圾郵件，被感染的個人電腦就會被當成執行DoS攻擊的工具，不但會攻擊其他電腦，一遇到有漏洞的電腦主機，就藏身於任何一個程式裡，伺時展開攻擊、侵害，而使用者卻渾然不知。後來又發展出DDoS（Distributed DoS）分散式阻斷攻擊，受感染的電腦就會像傀儡殭屍一般任人擺布執行各種惡意行為。

4. ①密碼長度儘量大於8～12位數。
   最好能英文+**數字**+**符號**混合，以增加破解時的難度。
   ②為了要確保密碼不容易被破解，最好還能在每個不同的社群網站使用不同的密碼，並且定期進行更換。
   ③密碼不要與帳號相同，並養成定期改密碼習慣，如果發覺帳號有異常登出的狀況，可立即更新密碼，確保帳號不被駭客奪取。
   ④儘量避免使用有意義的英文單字做為密碼。

5. 實體安全、資料安全、程式安全、系統安全。

6. ①防火牆僅管制與記錄封包在內部網路與網際網路間的進出，對於封包本身是否合法卻無法判斷。

②防火牆必須開啓必要的通道來讓合法的資料進出，因此入侵者當然
也可以利用這些通道，配合伺服器軟體本身可能的漏洞，來達到入
侵的目的。

③防火牆無法確保連線時的可信賴度，因爲雖然保護了內部網路免
於遭到竊聽的威脅，但資料封包出了防火牆後，仍然有可能遭到竊
聽。

④對於內部人員或內賊所造成的侵害，至今仍無法得到有效解容。

7. 依照防火牆在TCP/IP協定中的工作層次，可以區分爲IP過濾型防火牆
與代理伺服器型防火牆。

8. 「加密」最簡單的意義就是將資料透過特殊演算法（algorithm），將
原本檔案轉換成無法辨識的字母或亂碼。而當加密後的資料傳送到目
的地後，將密文還原成名文的過程就稱爲「解密」（decrypt）。

# 第六章

1. 企業對企業間的電子商務（B2B）、企業對客戶型的電子商務
（B2C）、客戶對客戶型的電子商務（C2C）。

2. 整個電子商務的交易流程是由消費者、網路商店、金融單位與物流業
者等四個組成單元。

3. SET與SSL的最大差異是在於消費者與網路商家再進行交易前必須先
行向「認證中心」（Certificate Authority, CA）取得「數位憑證」
（Digital Certificate），才能經由線上加密方式來進行交易。

4. 所謂的行動商務，簡單的說，就是「使用者藉由行動終端設備（如：
手機、Smart Phone、PDA、筆記型電腦等），透過無線網路通訊的
方式，進行商品、服務或是資訊交易的行爲」。

5. O2O就是整合「線上（Online）」與「線下（Offline）」兩種不同平
台所進行的一種行銷模式，因爲消費者也能「Always Online」，讓

線上與線下能快速接軌，透過改善線上消費流程，直接帶動線下消費，消費者可以直接在網路上付費，而在實體商店中享受服務或取得商品，全方位滿足顧客需求。

6. 電子商務的本質是商務，商務的核心就是商流，「商流」是指交易作業的流通，或是市場上所謂的「交易活動」，是各項流通活動的主軸，代表資產所有權的轉移過程。

7. 設計流泛指網站的規劃與建立，涵蓋範圍包含網站本身和電子商圈的商務環境，就是依照顧客需求所研擬之產品生產、產品配置、賣場規劃、商品分析、商圈開發的設計過程。

8. 由於近年來C2C通路模式不斷發展和完善，以C2C精神發展的「共享經濟」（The Sharing Economy）模式正在日漸成長，這樣的經濟體系是讓個人都有額外創造收入的可能，就是透過網路平台所有的產品、服務都能被大眾使用、分享與出租的概念，共享經濟的成功取決於建立互信，以合理的價格與他人共享資源，同時讓閒置的商品和服務創造收益。例如類似計程車「共乘服務」（Ride-sharing Service）的Uber，絕大多數的司機都是非專業司機，開的是自己的車輛，大家可以透過網路平台，只要家中有空車，人人都能提供載客服務。

9. 營運模式（business model）是一家企業處理其與客戶和上下游供應商相關事務的方式，更涵括市場定位、贏利目標與創造價值的方法，也就是描述企業如何創造價值與傳遞價值給顧客，並且從中獲利的模式，更是整個商業計畫的核心。

# 第七章

1. +（或空格）、-和OR。

2. Google雲端硬碟（Google Drive）可讓您儲存相片、文件、試算表、簡報、繪圖、影音等各種內容，並讓您無論透過智慧型手機、平板電腦或桌機在任何地方都可以存取到雲端硬碟中的檔案。另外，雲端硬碟採用TSL安全協定，更加確保雲端硬碟資料或文件的安全性。

3. 使用「Google地球」能以各種視覺化效果檢視地理相關資訊，透過「Google地球」可以快速觀看地球上任何地方的衛星圖像、地圖、地形圖、3D建築物，甚至到天際中探索星系。

4. Google地圖提供各位尋找商家、查尋地址、或是感興趣的位置。只要輸入地址或位置，它就會自動搜尋到鄰近的商家、機關或學校等網站資訊。在地圖資料方面，可以採用地圖、衛星、或是地形等方式來檢視搜尋的位置。

5. Gmail、Google日曆、Google文件、雲端硬碟、相片管理、Google Play等。

6. Google相簿支援Windows、Mac、Android與iOS平台。

7. Google宣布「Google Classroom（Google雲端教室）」開放給「擁有一般Google免費帳號」的帳戶用者使用，任何人都能線上建立課程，輕鬆透過Google雲端教室來幫助學校老師建構遠端課程的教學平台，或是學生自主學習或與同學間的交流平台。

8. Google協作平台是Google推出的線上網頁設計及網站架設的工具學校老師建構遠端課程的教學平台，或是學生自主學習或與同學間的交流平台。

# 第八章

1. Google公司所提出的雲端Office軟體概念，稱為Google文件軟體（Google docs），可以讓使用者以免費的方式，透過瀏覽器及雲端運算來編輯文件、試算表及簡報。將檔案儲存在雲端上還有另外一個好處，那就是你能從任何設有網路連線和標準瀏覽器的電腦，隨時隨地變更和存取文件，也可以邀請其他人一起共同編輯內容，相當便利。

2. 如果視窗中已有編輯的文件，想要重新建立一個新文件，可從「檔案」功能表下拉選擇「新文件」指令，再從副選項中選擇文件、試算表、簡報、表單、繪圖。

3. 上傳電腦圖片、搜尋網路圖片、從雲端硬碟插入圖片、使用網址上傳圖片。

# 第九章

1. Google試算表是一套免費的雲端運算軟體，使用者可透過瀏覽器檢視、編輯或共同處理試算表資料，不僅完全免費，而且所有運算及檔案儲存都在雲端的電腦完成。利用雲端版的Google建立試算表後，不僅可以提供個人進行試算表的應用與編輯，還可以透過「共用」功能提供給親朋好友，只要移動到想要建立連結的工作表，複製網址欄中的網址，然後將連結傳送給具存取權的給檢視者或編輯者即可。

2. 儲存格參照位址可區分為以下三種：

| 儲存格位址類型 | 內容說明 |
| --- | --- |
| 相對參照位址 | 公式中所使用的儲存格位址，會因為公式所在位置不同而有相對性的變更，表示法如「B3」。 |

| 儲存格位址類型 | 內容說明 |
|---|---|
| 絕對參照位址 | 公式內的儲存格位址不會因為儲存格位置的改變而變更位址，例如經過公式複製後，仍指向同一位址的儲存格。表示法是在相對參照位址前加上「$」符號，如「$B$3」。 |
| 混合參照位址 | 綜合上述兩種表示方式，我們可混合使用。也就是當僅需固定某欄參照，而列必需改變參照，或是僅需固定某列參照，而欄必需改變參照時。表示方式如「$B3」或「B$3」。 |

3. 選定儲存格後，執行「插入 / 圖片」指令，就可以選擇「上傳」、「使用快照」、「使用網址上傳」、「雲端硬碟」、「Google相簿」、「搜尋」等插入方式。

4.

| 公式形式 | 功能說明 | 範例說明 |
|---|---|---|
| 數學公式 | 這種公式是由數學運算子、數值及儲存格位址組成。 | =C1*C2/D1*0.5 |
| 文字連結公式 | 公式中要加上文字，必須以兩個雙引號（"）將文字括起來，而文字中的內容互相連結，則使用&符號。 | ="平均分數"&A1 |
| 比較公式 | 是由儲存格位址、數值或公式兩相比較的結果。 | =D1>=SUM(A1:A2) |

# 第十章

1. Google簡報是Google所開發的免費簡報編輯程式，可提供使用者做簡報的編輯。利用Google簡報來製作簡報，不但不需要花錢去購買昂貴的簡報製作軟體，而可以將檔案儲存在雲端硬碟中，就能在網路上讀

取檔案，或作編修、或作簡報播放，還可以跟其他人一起共用檔案，相當的方便。

2. 如果需要變更版面配置，可以執行「投影片／套用版面配置」指令，再從縮圖中選擇所需的配置。

3. 在Google簡報中，使用者可以插入圖片、表格、影片、文字框、圖表等各類型的物件來增加簡報的豐富性。要插入各類型的物件，只要由「插入」功能表中選擇要插入的項目即可辦到。

國家圖書館出版品預行編目資料

雲端發展與重要創新應用／數位新知作. －－
初版.－－臺北市：五南圖書出版股份有限
公司，2023.07
面；　公分
ISBN 978-626-366-233-9（平裝）

1.CST: 網際網路　2.CST: 雲端運算　3.CST:
產業發展

312.1653　　　　　　　　　112009577

5R54

# 雲端發展與重要創新應用

作　　　者 ― 數位新知（526）

發 行 人 ― 楊榮川

總 經 理 ― 楊士清

總 編 輯 ― 楊秀麗

副總編輯 ― 王正華

責任編輯 ― 張維文

封面設計 ― 陳亭瑋

出 版 者 ― 五南圖書出版股份有限公司

地　　　址：106台北市大安區和平東路二段339號4樓

電　　　話：(02)2705-5066　　傳　　　真：(02)2706-6100

網　　　址：https://www.wunan.com.tw

電子郵件：wunan@wunan.com.tw

劃撥帳號：01068953

戶　　　名：五南圖書出版股份有限公司

法律顧問　林勝安律師

出版日期　2023年7月初版一刷

定　　　價　新臺幣420元

# 經典永恆・名著常在

# 五十週年的獻禮 —— 經典名著文庫

五南，五十年了，半個世紀，人生旅程的一大半，走過來了。

思索著，邁向百年的未來歷程，能為知識界、文化學術界作些什麼？

在速食文化的生態下，有什麼值得讓人雋永品味的？

歷代經典・當今名著，經過時間的洗禮，千錘百鍊，流傳至今，光芒耀人；

不僅使我們能領悟前人的智慧，同時也增深加廣我們思考的深度與視野。

我們決心投入巨資，有計畫的系統梳選，成立「經典名著文庫」，

希望收入古今中外思想性的、充滿睿智與獨見的經典、名著。

這是一項理想性的、永續性的巨大出版工程。

不在意讀者的眾寡，只考慮它的學術價值，力求完整展現先哲思想的軌跡；

為知識界開啟一片智慧之窗，營造一座百花綻放的世界文明公園，

任君遨遊、取菁吸蜜、嘉惠學子！